DINÂMICA DO IMPULSO E DO IMPACTO

Leandro Bertoldo

Leandro Bertoldo
Dinâmica do Impulso e do Impacto

Dedicatória

Dedico este livro à minha amorosa, meiga e doce:
Pitucha

"Devemos apresentar argumentos legítimos, que, não somente façam silenciar os oponentes, mas que suportem a mais profunda e perscrutadora pesquisa" (Obreiros Evangélicos, 299).

Ellen Gould White
Escritora, conferencista, conselheira,
e educadora norte-americana.
(1827-1915)

Sumário

Dados biográficos
Prefácio

1. Impulsão
2. Teoria do Impulso
3. Força de Inércia e Repouso
4. Impacto Discreto e Contínuo
5. Impactologia
6. Enerssão, Prepacto, Impacto e Choque
7. Resistência à Penetrabilidade
8. Problemas com Duas Variáveis
9. Tensiologia
10. Força Equivalente de Ruptura
11. Durabilidade do Fenômeno
12. Entrobárica
13. Oscilação Pendular
14. Avaliação da Circunferência da Terra
15. Velocidade de Relação
16. Cinemática da Tangência
17. Cinemática do Terceiro Grau
18. Cinemática Trigonométrica
19. Celeridade
20. Força de Lançamento
21. Relações Inversas
22. Conservação da Energia
23. Estudo da Energia Mecânica
24. Constantes Aproximadas de π
25. Relações Aproximadas

Dados biográficos

Leandro Bertoldo é o primeiro filho do casal José Bertoldo Sobrinho e Anita Leandro Bezerra. Tem um irmão chamado Francisco Leandro Bertoldo. Os dois seguiram a carreira no judiciário paulista, incentivados pelo pai, que via algo de desejável na estabilidade do serviço público.

Leandro fez as faculdades de Física e de Direito na Universidade de Mogi das Cruzes – UMC. Seu interesse sempre crescente pela área das exatas vem desde os seus 17 anos, quando começou a escrever algumas teses sérias a respeito do assunto. Em 1995, publicou o seu primeiro livro de Física, que foi um grande sucesso entre os professores universitários. O seu comprometimento com o Direito é resultado de suas atividades junto ao Tribunal de Justiça do Estado de São Paulo.

Leandro casou-se duas vezes e teve uma linda filha do primeiro matrimônio chamada Beatriz Maciel Bertoldo. Sua segunda esposa Daisy Menezes Bertoldo tem sido sua grande companheira e amiga inseparável de todas as horas. Muitas de suas alegrias são proporcionadas pelos seus amados cachorros: Fofa, Pitucha, Calma e Mimo.

Durante sua carreira como cientista contabilizou centenas de artigos e dezenas de livros, todos defendendo teses originais em Física e Matemática, destacando-se: "Teoria Matemática e Mecânica do Dinamismo" (2002); "Teses da Física Clássica e Moderna" (2003); "Cálculo Seguimental" (2005); "Artigos Matemáticos" (2006) e "Geometria Leandroniana" (2007), os quais estão sendo discutidos por vários grupos de pesquisas avançadas nas grandes universidades do país.

Prefácio

Esta obra reúne 25 artigos científicos produzidos pelo autor em 1981, 1983, 1985, 1993-1996. Todos tratam de assuntos originais e inovadores no campo dos fenômenos físicos da Mecânica Clássica. Pela primeira vez está sendo apresentados ao público ledor alguns conceitos revolucionários e inéditos, os quais nunca foram antes considerados. Para demonstração da base sólida desses novos conceitos, todos os artigos foram fundamentados rigorosamente no método científico, mais precisamente no método matemático.

Em geral, a obra realiza um estudo avançado sobre Impulso, Impacto, Cinemático e Dinâmico, compreendendo os seguintes artigos: O primeiro define a impulsão como um conceito distinto do ímpeto. O segundo caracteriza o impulso em função dos conceitos cinemáticos e dinâmicos. O terceiro conceitua a inércia como algo distinto do repouso. O quarto define a diferença entre os impactos discretos e contínuos. O quinto trata da Impactologia como um novo ramo da física no estudo das forças liberados no momento do impacto. O sexto define conceitos inusitados, como emersão, prepacto e outros. O sétimo trata do estudo da impetrabilidade da matéria. O oitavo considera o estudo de vários problemas envolvendo duas variáveis. O novo analisa a tensão resultante numa corda indeformável. O décimo considera a força necessária na ruptura de uma corda indeformável. O décimo primeiro estabelece o conceito de duração dos fenômenos. O décimo segundo trata dos processos reversíveis ou irreversíveis da entropia. O décimo terceiro apresenta o conceito de resistência pendular. O décimo quarto apresenta um método simples para avaliar a circunferência da terra. O décimo quinto considera que a medida de tempo nada mais é do que a relação de duração regular de qualquer fenômeno. O décimo sexto estuda a cinemática em função do ângulo do móvel. O décimo sétimo desenvolve os conceitos de uma cinemática do terceiro grau, com a introdução de novos fenômenos físicos. O décimo oitavo estuda a cinemática sob o ponto de vista da trigonometria. O décimo nono apresenta o fenômeno intitulado de celeridade. O vigésimo estuda as forças envolvidas no lançamento de um corpo qualquer. O vigésimo primeiro apresenta determinadas relações inversas de algumas grandezas físicas. O vigésimo segundo desenvolve os inusitados conceitos de capacidade potencial e cinemática. O vigésimo terceiro estuda a energia mecânica sob a óptica dos conceitos de potencialidade e cinetismo. O vigésimo quarto apresenta a relação existente entre várias constantes universais em relação ao valor de π. O vigésimo quinto mostra como várias constantes universais diferentes aproximam-se de um valor fixo comum.

  Encerro este prefacio com as imortais palavras de Isaac Newton: "Peço de coração que as coisas que aqui deixo sejam lidas com indulgencia, e que meus defeitos, num campo tão difícil, não seja tanto procurados com vistas à censura".

leandrobertoldo@ig.com.br

1. Impulsão

1. Introdução

A definição de impulsão implica que a mesma caracteriza o movimento que uma força comunica a um móvel.

2. Equação

Defino matematicamente a impulsão como sendo igual ao quociente da variação de uma força sobre um móvel, inversa pelo intervalo de tempo de ação dessa força. Simbolicamente, o referido enunciado é expresso pela seguinte relação:

$$i = \Delta F / \Delta t$$

Tal equação afirma que a impulsão que um corpo recebe é tanto maior quanto maior for a intensidade de força liberada no menor intervalo de tempo possível.

A referida equação leva a concluir que quanto maior for a impulsão que um corpo recebe tanto maior será a velocidade que alcançará. Isto explica porque o estilingue, a funda e outros instrumentos semelhantes podem comunicar pequenas ou grandes velocidades a um corpo.

Devo chamar a atenção do para mostrar que na física a grandeza Impulsão e Impulso caracterizam fenômenos distintos. Pois o impulso de uma força é definido matematicamente na física Newtoniana como sendo igual ao produto existente entre a força pelo intervalo de tempo. Simbolicamente o referido enunciado é expresso por:

$$I = F \cdot \Delta t$$

Sendo que tal grandeza está diretamente relacionada com a variação da quantidade de movimento do corpo.

Segundo minha proposta, a impulsão caracteriza a liberação e transmissão de uma força no intervalo de tempo, enquanto que para os newtonianos o impulso caracteriza uma ação e um estado dinâmico de um corpo.

Evidentemente a ação de uma força será tanto mais violenta quanto menor for o intervalo de tempo que a mesma liberada, assim tem-se a força de impulsão da pólvora, a impulsão do arco - flecha, a impulsão do estilingue, etc.

Em se tratando de corpos elásticos e molas a equação que traduz a ação da força é expressa pela lei do célebre físico inglês Robert Hook.

$$\Delta F = k \cdot \Delta X$$

Ou seja, a variação da força é proporcional à variação da deformação.

Assim, substituindo convenientemente, o referido enunciado na equação expressão que obtive, vem que:

$$i = k \cdot \Delta X / \Delta t$$

A referida expressão, para ficar bem caracterizada, é expressa em termos de diferenciais; ou seja:

$$i = k \, (dx/dt)$$

Como a derivada da velocidade é expressa por (**dx/dt**), poso escrever que:

$$i = k \cdot dv$$

3. Força Impulsiva Resultante

A matéria imersa num campo gravitacional sofre a ação de uma força atrativa que caracteriza o peso dos corpos. Portanto, no estudo da força impulsiva, é necessário levar em consideração o peso do corpo arremessado.

Então, um lançamento no vertical, implica que a força impulsiva resultante é igual à variação total da força de arremesso, pela diferença da força peso. Simbolicamente, vem que:

$$Fi_R = \Delta F - p$$

Portanto, posso escrever que:

$$i_R = (\Delta F - p)/\Delta t$$

2. Teoria do Impulso

1. Introdução

A Teoria do Impulso procura descrever, classificar e explicar os movimentos sob a perspectiva da grandeza física denominada por impulso. No presente artigo o conceito qualitativo de impulso é um pouco ampliado em relação àquele definido pela dinâmica clássica. Sendo que a presente teoria está fundamentada, basicamente, no conceito de força e de impulso.

2. Definições

Força

A força é uma grandeza física aplicada sobre o corpo. Ela é um conceito intuitivo e nasce da idéia de esforço físico, como puxar, empurrar, arremessar etc.
A força pode ter origem biológica, mecânica, elétrica, magnética etc. Por exemplo, força muscular, força elástica, força de impacto etc.

Impulso

Nesta teoria o impulso é a causa do movimento adquirido pelo móvel. Sendo que o comportamento assumido pelo impulso permite descrever e classificar qualquer tipo de movimento.
O impulso é produzido no móvel pela ação da força aplicada sobre o corpo. Uma vez criado, ele é conservado e transportado pelo móvel e somente sofre variações sob a ação de uma força. Também se pode dizer que não existe movimento sem a interação do impulso.

Quanto ao sentido, o impulso apresenta o mesmo sentido da força aplicada sobre o corpo.

3. Leis Fundamentais

Lei I

A força que atua sobre um corpo é igual ao produto entre a massa desse corpo por sua aceleração.

Simbolicamente o referido enunciado é expresso pela seguinte igualdade:

$$F = m \cdot \alpha$$

Esse conceito de força é definido pela segunda lei de Newton, a qual exprime a intensidade de força aplicada sobre um corpo em função da massa e da aceleração. Também se pode afirmar que essa força é a causa primordial do impulso que o móvel recebe.

• Sob a ação de uma força constante, um móvel apresenta uma aceleração constante. Nestas condições, esse móvel apresenta uma velocidade que varia uniformemente com o passar do tempo. Portanto, o movimento é denominado por movimento uniformemente variado.

• Quando a força é nula, não há aceleração. Portanto, o corpo está em repouso ou em movimento uniforme e retilíneo ao infinito, a menos que uma força externa venha a modificar qualquer uma dessas situações.

• Sob a ação de uma força constante, quanto maior for a massa de um móvel, tanto menor será a aceleração que resulta da ação da força aplicada sobre o corpo em movimento.

• Quando a massa de um corpo permanecer constante, tanto maior será a aceleração resultante, quanto maior for a força aplicada.

Lei II

A variação de impulso é igual ao produto entre a intensidade da força aplicada sobre o corpo pela variação de tempo.

Simbolicamente o referido enunciado é expresso pela seguinte igualdade:

$$\Delta I = F \cdot \Delta t$$

O impulso é comunicado a um móvel pela interação da força aplicada sobre o corpo. Sua intensidade será tanto maior quanto maior for a intensidade da força aplicada sobre o móvel e tanto maior quanto maior for o intervalo de tempo de aplicação dessa força em tal móvel.

• O conceito de impulso permite classificar qualquer tipo de movimento.

• O movimento de um corpo é caracterizado através da conservação ou dissipação de impulso do móvel.

4. Relação entre Impulso e Velocidade

No presente artigo foram apresentadas as seguintes expressões algébricas:

a) $F = m \cdot \alpha$

b) $\Delta I = F \cdot \Delta t$

Substituindo convenientemente as duas últimas expressões fundamentais da teoria do impulso, obtém-se o seguinte resultado:

$$\Delta I = m \cdot \alpha \cdot \Delta t$$

Porém, sabe-se que a variação da velocidade de um corpo em movimento uniformemente variado é igual ao produto entre a aceleração desse corpo pela variação do tempo decorrido de movimento.
Simbolicamente o referido enunciado é expresso pela seguinte igualdade:

$$\Delta v = \alpha \cdot \Delta t$$

Substituindo convenientemente as duas últimas expressões, pode-se escrever que:

$$\Delta I = m \cdot \Delta v$$

Este resultado permite enunciar a seguinte lei do impulso para o movimento:

A variação do impulso num móvel, em movimento uniformemente variado, é igual à massa desse corpo em movimento pela variação de velocidade.

• Sob a interação de um impulso constante, um móvel apresenta uma velocidade constante. Logo o movimento é uniforme e retilíneo.

• Quando o impulso é nulo, não há velocidade. Assim o corpo encontra-se em repouso.

• Sob a interação de um mesmo impulso de intensidade constante, quanto maior for a massa de um móvel, tanto menor será a velocidade resultante.

• Se a massa permanece constante, quanto maior for o impulso comunicado ao corpo, tanto maior será a velocidade adquirida pelo móvel.

Algumas dos resultados fundamentais da Teoria do Impulso são provenientes dessas três últimas equações. Sendo que no presente artigo serão apresentadas algumas observações analisando os casos de interação de um impulso "uniforme", "constante" e "nulo".

5. Movimento Uniformemente Variado

Se a força aplicada sobre um corpo permanecer constante ($F = cte$) no decorrer do tempo, a aceleração também permanecerá constante ($\alpha = cte$), conforme a expressão ($F = m \cdot \alpha$). Nessa condição o impulso (**I**) varia uniformemente no decorrer do tempo conforme a seguinte expressão ($\Delta I = F \cdot \Delta t$). A velocidade também sofrerá variações uniformes no decorrer do tempo ($\Delta v = \alpha \cdot \Delta t$). Esse movimento é denominado por movimento uniformemente variado (**MUV**). Diante disso pode-se apresentar a seguinte lei do movimento:

A ação de uma força constante comunica ao móvel um impulso crescente no decorrer do tempo e, portanto, caracteriza um movimento uniformemente variado.

6. Movimento Uniforme Retilíneo

Se a força aplicada sobre o corpo se tornar nula ($F = 0$), a intensidade de impulso no móvel passa a permanecer constante no decorrer do tempo ($I = cte$). Nessa situação a velocidade passará a ser constante ($v = cte$), ou seja ($I = m \cdot v$). Quando isso ocorre, o movimento decairá de uniformemente variado (**MUV**) para movimento uniforme e retilíneo (**MUR**), ou seja, (**MUV→MUR**). Desse modo podem-se enunciar as seguintes leis do movimento:

- *Quando a força aplicada sobre um móvel se torna nula, tal móvel passa a conservar e apresentar um impulso constante no decorrer do tempo e, portanto, um movimento uniforme e retilíneo ao infinito.*

- *Unicamente devido à interação de um impulso constante no decorrer do tempo, todo móvel segue uniformemente em linha reta ao infinito, a menos que uma força externa venha a alterar tal situação.*

7. Repouso Inercial

Se a intensidade do impulso for nula ($I = 0$), e a força também for nula ($F = 0$), então a velocidade será nula ($v = 0$) e, portanto, o movimento é nulo (**MN**). Logo se pode concluir que o corpo está no mais absoluto repouso. Assim pode-se enunciar a seguinte lei do movimento:

Na ausência de impulso, um corpo está em repouso, a menos que uma força externa venha a modificar tal situação.

8. Repouso Dinâmico

Se a intensidade do impulso for nula ($I = 0$) e a força aplicada sobre o corpo for diferente de zero ($F \neq 0$), a velocidade será nula ($v = 0$) nos termos de ($\Delta I = m \cdot \Delta v$). Portanto, o movimento é nulo (**MN**). Logo o corpo está em repouso. Exemplo: Um corpo de peso (**F**) apoiado no solo. Nesta situação também se pode afirmar que:

Na ausência de impulso, um corpo está em repouso, a menos que uma força externa venha a modificar tal situação.

9. Lei da Inércia

Considere os seguintes resultados que foram analisados no presente artigo:
* Se a força se tornar nula (**F** = **0**), a aceleração desaparece (α = **0**). Quando isso ocorre pode-se constatar que o impulso passa a ser constante (**I** = **cte**) e a velocidade também se torna constante (**v** = **cte**). Diante dessa situação o movimento é denominado por movimento uniforme e retilíneo (**MUR**).
* Se a força for nula (**F** = **0**), antes mesmo de iniciar ou após cessar o movimento, a aceleração será nula (α = **0**). Nessas circunstâncias, o impulso será nulo (**I** = **0**) e a velocidade também será nula (**v** = **0**), portanto o movimento será nulo (**MN**). Logo se pode concluir que o corpo está em repouso.

Consequência I

Observe que sob a perspectiva da Teoria do Impulso, existe uma enorme diferença entre um corpo estar num estado de repouso e outro corpo num estado de movimento com velocidade constante. Para entrar no estado de repouso o móvel precisa dissipar o impulso que transporta, e para entrar em movimento o corpo necessita receber impulso pela ação de uma força.
Em síntese, o impulso permite caracterizar o movimento. Ou seja, o movimento varia conforme a variação do impulso comunicado ao móvel. Pode-se dizer que o impulso varia uniformemente no decorrer do tempo, o movimento será classificado como movimento uniformemente variado. Se o impulso permanece constante no passar do tempo, o movimento será

denominado por retilíneo e uniforme e, finalmente, se o impulso for nulo o movimento será nulo e o corpo estará em repouso.

Consequência II

Diante do que foi apresentado pode-se verificar que quando a força for nula, ela caracteriza, num mesmo tempo, o movimento uniforme em linha reta e o repouso. Portanto, pode-se apresentar a seguinte lei do movimento:

Na ausência de forças, todo corpo permanece em seu estado de repouso ou de movimento retilíneo uniforme, a menos que seja obrigado a modificar tal situação por forças aplicadas sobre ele.

Esse princípio corresponde exatamente ao enunciado do princípio da inércia, também conhecido por primeira lei de Newton. Observe que, na primeira lei de Newton, não existe nenhuma diferença entre um corpo encontrar-se num estado de repouso ou possuindo um movimento uniforme e retilíneo, essas duas situações são perfeitamente normais e válidas na ausência de forças externas.

Com fundamento na lei anteriormente enunciada, pode-se apresentar o seguinte princípio:

Sob a perspectiva causal da força externa é impossível afirmar se um corpo encontra-se num estado de repouso ou de movimento uniforme e retilíneo ao infinito.

Consequência III

Na Teoria do Impulso, sob o aspecto causal, existe uma diferença enorme entre um corpo que se encontra num estado de repouso ou possuindo uma velocidade constante. Ou seja, sob a perspectiva do impulso, o princípio da inércia sofre uma bipartição. Destarte, passa a existir uma causa para explicar o repouso e outra para explicar o movimento. E a explicação é a seguinte: um corpo em repouso indica ausência de impulso e um corpo em movimento uniforme indica a existência da interação de um impulso constante conservado no móvel. Portanto, podem-se enunciar as seguintes leis:

- *Na ausência de impulso um corpo encontra-se em repouso, a menos que uma força aplicada sobre esse corpo venha tira-lo do estado que se encontra.*

- *Sob a interação de um impulso constante um corpo está em movimento uniforme e retilíneo ao infinito, a menos que uma força aplicada sobre esse corpo venha a modificar tal situação.*

De tudo o que foi exposto, fica claro que o presente artigo defende uma nova teoria da Mecânica, a qual foi denominada no presente artigo por Teoria do Impulso, pois considera que o movimento resulta da contínua interação de um impulso comunicado a um móvel.

10. Movimento

Sob a ação de uma força constante (F = cte), um móvel apresenta uma aceleração constante (α = cte), com isso sua velocidade varia uniformemente no decorrer do tempo ($\Delta v = \alpha . \Delta t$). Logo, a causa que provoca o aparecimento da velocidade não é a ação da força, a qual permanece constante, enquanto que a velocidade sofre variações crescentes no decorrer do tempo.

Ocorre que, a Teoria do Impulso defende a tese de que o movimento de um móvel não está diretamente relacionado com a ação da força aplicada (F) sobre o corpo, mas sim com o impulso (I) que o corpo recebe da força, o qual é conservado e transportado pelo móvel, conforme a seguinte expressão ($\Delta I = m \cdot \Delta v$). Mesmo porque existe movimento na ausência de forças aplicadas sobre o móvel.

Assim, num mesmo corpo, quanto maior for o impulso, tanto maior será a velocidade do móvel, sendo que a velocidade varia na mesma proporção da variação do impulso. E, quando na ausência de uma força (**F = 0**), o móvel conserva um impulso de intensidade constante (**I = cte**), o qual caracteriza uma velocidade constante (**v = cte**) e, portanto, um movimento uniforme (**MU**) ao infinito.

A Mecânica Clássica, através da expressão ($\Delta v = \alpha \cdot \Delta t$), permite afirmar que sob a ação de uma força constante (**F = cte**), um móvel apresenta velocidade crescente com o passar do tempo. A Teoria do Impulso, através da expressão ($\Delta I = F \cdot \Delta t$), afirma que, sob a ação de uma força constante (**F = cte**), um móvel apresenta um impulso crescente no decorrer do tempo. Portanto, o impulso (**I**) explica adequadamente o movimento dos corpos conforme relacionados pela seguinte expressão ($\Delta I = m \cdot \Delta v$).

11. Classificação do Movimento

O movimento uniformemente variado pode ser definido como sendo aquele em que o impulso varia uniformemente no decorrer do tempo. É claro que a força é medida pela variação de impulso no tempo.

Em geral os movimentos podem ser classificados em duas grandes categorias, a saber:

a) Movimentos uniformes são aqueles que possuem impulso constante;

b) Movimentos variados são aqueles que apresentam impulso que varia no decorrer do tempo.

c) Repouso é o fenômeno que apresenta impulso nulo.

- No movimento uniforme o impulso médio observado em qualquer intervalo de tempo apresenta sempre a mesma intensidade.
- No movimento uniformemente variado a intensidade de impulso sofre variações uniformes com o intervalo de tempo.

Diante desse quadro pode-se afirmar que a força é a grandeza física que mede a variação de impulso no decurso do tempo.

12. Movimento Acelerado e Retardado

Com a unificação da Teoria do Impulso com o ramo da Física conhecido por Cinemática pode-se afirmar que:

a) No movimento acelerado o módulo do impulso aumenta no decurso do tempo.

b) No movimento retardado o modulo do impulso diminui com o decorrer do tempo.

Dando um passo a mais se pode dizer que o sinal da força depende do sinal da variação de impulso. É claro que isso com base na convenção da orientação da trajetória.

I - No movimento acelerado pode-se estabelecer que quando o impulso é positivo, a força também será positiva. Nesse caso o movimento é acelerado progressivo. Quando o impulso é negativo, a força também será negativa. Nessa situação o movimento é identificado como acelerado retrógrado.

Em consequência do que foi dito, afirma-se que no movimento acelerado, o impulso e a força apresentam sinais algébricos idênticos, a saber:

- Impulso e Força apresentam sinais positivos;
- Impulso e Força apresentam sinais negativos.

II - É evidente que o mesmo critério apresentado para o movimento acelerado pode ser aplicado com sucesso para o movimento retardado. Desse modo, quando o impulso é positivo, a força é negativa. Situação em que o movimento é chamado por retardado progressivo. Porém, se o impulso for negativo e a força for positiva, o movimento será classificado como retardado retrógrado.

Portanto, num movimento retardado o impulso e a força apresentam sinais opostos, a saber:

- Quanto o impulso é positivo a força é negativa;
- Quando o impulso é negativo a força é positiva.

Em síntese, no movimento acelerado o modulo do impulso aumenta com o decorrer do tempo. Nestas condições o impulso e a força apresentam o mesmo sinal. Já no movimento retardado, o módulo do impulso diminui com o passar do tempo. Condição em que o impulso e a força apresentam sinais opostos.

13. Conclusão

Devido aos seus próprios fundamentos, a Teoria do Impulso é parte integrante da Física Clássica. E, por causa do alcance de sua generalização, essa teoria permite introduzir novos conceitos e analises qualitativos na Mecânica Clássica.

Tal teoria se tornou tão ampla que possibilitou a classificação do movimento unicamente sob a perspectiva do impulso, bem como a explicação de alguns aspectos da Cinemática.

Entretanto, o objetivo fundamental do presente artigo consistiu em apresentar a Teoria do Impulso como um modelo fundamental na descrição dinâmica do movimento. E, por causa disso, foram apresentadas rapidamente algumas das propriedades Cinemáticas e Dinâmicas do movimento, sempre inferidas a partir da Teoria do Impulso.

3. Força de Inércia e Repouso

Ao se aplicar uma pequena intensidade de força num corpo de massa suficientemente grande, em repouso, verifica-se que ele não se moverá. Quando isto ocorre, significa que sobre o mesmo existe a ação de outra força, de mesmo módulo e sentido oposto. Essa força é denominada por "força de inércia". Portanto, a massa exerce uma força de inércia de intensidade e direções iguais, porém, de sentido oposto ao do qualquer força aplicada externamente sobre o corpo.

A seguir, aumentando-se gradativamente a intensidade da força externa aplicada sobre o corpo, verifica-se que o mesmo contínua em repouso. Entretanto, quando a intensidade de força aplicada excede a intensidade limite da força de inércia, neste instante, o corpo adquire uma aceleração mínima no sentido da força aplicada. Isto significa que a força de inércia atingiu um determinado valor máximo para a intensidade de força aplicada. A partir desse momento, a tendência do corpo é sair do seu estado de repouso.

Fixando a aceleração num valor mínimo possível, tem-se uma grandeza chamada por "constante de inércia". Essa constante seria o ponto de referência pela qual se pode avaliar a força de inércia de repouso de qualquer matéria.

Convencionando-se universalmente o valor da constante de inércia, então, pela segunda lei de Newton tem-se que a força de inércia de repouso (I_0) é igual ao valor da constante de inércia (**i**) multiplicada pela massa do corpo (**m**).

Simbolicamente pode-se escrever que:

$$I_0 = i \cdot m$$

Como foi dito, (**i**) é uma constante convencionada universalmente, chamada por constante de inércia. O coeficiente (**i**) possui unidades, pois é a relação entre duas grandezas diferentes (força/massa).

Pelo Sistema Internacional de Unidades, pode-se definir a unidade de constante de inércia como sendo o Newton (N) pelo quilograma (Kg).

4. Impacto Discreto e Contínuo

1. Introdução

O impacto é a parte da Mecânica que estuda as forças resultantes da colisão entre os corpos.

No movimento uniformemente variado, qualquer corpo arremessado contra o vetor da força do campo gravitacional, partirá induzido com uma força inicial e, portanto, com uma velocidade inicial. Como o vetor do corpo impulsionado está orientado contra o vetor da força do campo gravitacional, o movimento do móvel impulsionado se enquadrará dentro do chamado lançamento uniforme variado destimulado. Logo, a força induzida inicial vai sendo gradativamente extraída devido à força induzida do campo gravitacional, anulando em proporção a velocidade inicial do móvel.

Quando o móvel perde totalmente sua força induzida inicial, sua velocidade torna-se nula, e neste instante, o corpo atinge uma altura máxima. Então, muda de sentido e inicia um movimento a favor do vetor atrativo do campo gravitacional, retornando ao ponto de partida.

Enquanto o móvel desloca-se a favor do campo gravitacional, o lançamento será uniformemente variado estimulado. Nesta situação, o móvel ganha uma força induzida na mesma proporção em que ganha velocidade.

Quando atinge o ponto de onde havia partido, apresenta a mesma força induzida com que havia partido.

O fenômeno descrito ocorre quantitativamente com o corpo, independentemente do peso ou massa.

Portanto, pode-se enunciar o seguinte princípio:

"Em se tratando de forças de campo, a força induzida de arremesso a partir de um ponto é igual em módulo à força induzida de retorno a este ponto".

Então é evidente que, se colocar uma barreira ou um anteparo no ponto de retorno, o móvel que está sendo induzida pela força dinâmica do campo gravitacional, ao atingir o ponto de retorno, vai chocar-se contra a barreira que se encontra naquele ponto, com a mesma força com que fora arremessado.

2. Impacto Útil

O impacto útil é aquele que ao atuar produz algum efeito útil. É exemplo e impacto útil o caso de um martelo que ao colidir contra a cabeça de um prego, faz com que ele penetre na madeira. Ou então, o caso de um martelo que ao colidir contra um metal qualquer, consegue deformá-lo.

No impacto dinâmico, pouco se importa com a substância que constitui o corpo. Tanto faz largar de uma mesma altura um corpo de borracha maciça e outro corpo de metal, ambos de mesmo peso. Pois quando estes dois corpos atingem uma mesma superfície qualquer, a força que ambos possuem ao atingirem a superfície é a mesma, embora as consequências produzidas pelos dois corpos sejam diferentes.

3. Impacto Contínuo Discreto

O impacto contínuo é aquele cuja intensidade média (I_m) em qualquer intervalo de tempo, é a mesma, e, portanto, igual à intensidade (I) em qualquer instante (t). Ou seja, sua intensidade média não varia com o decorrer do tempo.

Simbolicamente o referido enunciado é expresso pela seguinte igualdade:

$$I_m = I$$

Para compreender melhor o que vem a ser impacto contínuo basta imaginar um martelo chocando-se continuamente numa frequência invariável, contra uma superfície qualquer.

4. Quantidade de Impacto

A cada colisão - martelo - superfície, ocorre um impacto. Desse modo define-se a quantidade de impacto como sendo uma grandeza física igual à somatória dos impactos individuais.
Simbolicamente pode-se escrever que:

$$\Delta Q = \Sigma I$$

No impacto discreto contínuo e uniforme, todos os impactos possuem uma mesma intensidade. Isto permite enunciar a lei da quantidade de impacto da seguinte forma: A quantidade de impacto (**Q**) é igual ao número de impactos (**n**) multiplicado pela intensidade de cada impacto (**I**).
Simbolicamente o referido enunciado é expresso pela seguinte igualdade:

$$\Delta Q = n \cdot I$$

Evidentemente, pode-se estabelecer a seguinte igualdade:

$$n \cdot I = \Sigma I$$

5. Grau de Impacto

O grau de impacto vem a ser uma quantidade de impacto delimitada num intervalo de tempo. Cada intervalo de tempo

de uma mesma duração, encerrará sempre a mesma quantidade de impacto. Daí a razão de ser chamada por grau de impacto médio. Por tal explicação pode-se concluir a seguinte lei:
"O grau médio de impacto é igual ao quociente da quantidade de impacto inversa pela variação de tempo".
Simbolicamente o referido enunciado é expresso pela seguinte relação:

$$g = \Delta Q/\Delta t$$

Porém, foi demonstrado que:

$$\Delta Q = n \cdot I$$

Substituindo convenientemente as duas últimas expressões, vem que:

$$g = n \cdot I/\Delta t$$

Porém, no impacto discreto contínuo uniforme, o número de impactos, inverso pela variação de tempo é igual à frequência de choques.
Simbolicamente o referido enunciado é expresso pela seguinte relação:

$$f = n/\Delta t$$

Substituindo convenientemente as duas últimas expressões, vem que:

$$g = f \cdot I$$

Portanto pode-se afirmar que o grau de impacto é igual ao produto existente entre a frequência de choque pelo valor da intensidade do impacto individual.

6. Velocidade Demarcada

No movimento uniforme, a velocidade é constante em qualquer intervalo de tempo. Já no movimento uniforme variado, a velocidade é variável. Entretanto, considerando o movimento dentro de um mesmo intervalo de tempo, a velocidade apresenta um valor máximo.

Por exemplo, a partir do repouso ao deixar um corpo entrar em queda livre, dentro de um mesmo intervalo de tempo, ter-se-á sempre a mesma velocidade máxima.

7. Velocidade e Impacto Discreto

Considere um impacto contínuo e uniforme, provocado ela ação de um martelo contra uma superfície. Nestas condições, a velocidade é constante.

Também considere que o espaço que o móvel percorre na subida é igual ao que percorre na descida.

Simbolicamente, pode-se escrever que:

$$h = h'$$

Quando o móvel completa a altura e a descida, tem-se um ciclo do impacto.

Em um ciclo o martelo percorre um espaço expresso por:

$$S = h + h'$$

Substituindo convenientemente as duas últimas expressões, pode-se escrever que:

$$S = 2h$$

Aplicando os mesmos princípios ao conceito de tempo, tem-se que:

$$t = t'$$

Portanto, vem que:

$$T = t + t'$$

Logo se pode escrever que:

$$T = 2t$$

Como o referido ciclo é contínuo e uniforme, pode-se escrever que:

$$\Delta S = n \cdot S$$

Também se pode escrever que:

$$\Delta S = 2n \cdot h$$

Onde a letra (**n**) representa o número de ciclos. E com relação ao período de ciclo, pode-se escrever que:

$$\Delta t = n \cdot T$$

Logo se pode concluir que:

$$\Delta t = 2n \cdot T$$

A Mecânica Clássica ensina que a velocidade média de um móvel é expressa por:

$$v = \Delta S / \Delta t$$

Ocorre que no presente estudo foi estabelecida a seguinte verdade:

$$\Delta S = 2n \cdot h$$

Substituindo convenientemente as duas últimas expressões, vem que:

$$v = 2n \cdot h/\Delta t$$

Sabe-se que a frequência de um fenômeno periódico é expressa por:

$$f = n/\Delta t$$

Substituindo convenientemente as duas últimas expressões, vem que:

$$v = 2f \cdot h$$

Logo se pode afirmar que a velocidade média de impacto é igual ao dobro da frequência de impacto multiplicada pela altura.

No presente estudo foi demonstrado que:

$$g = f \cdot I$$

Substituindo convenientemente as duas últimas expressões, vem que:

$$g = v \cdot I/2h$$

Portanto pode-se afirmar que o grau de impacto é igual ao quociente do produto entre a velocidade pelo impacto, inversa pelo dobro da altura.

5. Impactologia

1. Introdução

A Impactologia é uma parte da Mecânica que tem por alvo o estudo da natureza do impacto. Tem por objetivo fundamental a avaliação das forças que são liberadas no momento do choque mecânico.

2. Divisão

A ciência da Impactologia pode ser dividida em duas grandes partes, a saber:

I - Impacto Inercial
II - Impacto Cinemático

O impacto inercial procura estudar o choque de um móvel contra um anteparo fixo em repouso. Já o impacto cinemático procura estudar o choque mecânico entre corpos em movimento.

Entretanto, o presente tratado se limitará ao estudo do impacto inercial. Ou seja, será considerada somente a avaliação da força de impacto de um corpo, em movimento uniformemente variado, ao chocar-se contra um anteparo em repouso.

3. Ideia Geral

O célebre físico inglês Robert Hook demonstrou que a força externa aplicada sobre um corpo elástico é diretamente proporcional às deformações.

Segundo o Dinamismo, a força externa aplicada sobre um corpo, após vencer a força de inércia, tem como resultante uma força dinâmica. Esta, por sua vez, comunica ao móvel uma força induzida que aumenta no decorrer do tempo.

Então, parece natural que um corpo em movimento uniforme variado, ao chocar-se contra um anteparo em repouso, apresenta além da força externa, uma força induzida. Esta é descarregada do corpo no momento do impacto. Ou seja, instantes antes do impacto, o móvel apresenta uma força maior do que a força externa que lhe é aplicada.

4. Definições

Pode-se afirmar que o impacto de um corpo contra uma superfície em repouso é igual à soma entre a força externa pela força induzida que apresenta no momento do impacto.

Simbolicamente, o referido enunciado é expresso pela seguinte igualdade:

$$T = F + i$$

Pelo Dinamismo sabe-se que a força externa é igual a soma entre a força de inércia pela força dinâmica.

Simbolicamente o referido enunciado é expresso pela seguinte equação:

$$F = I + f$$

Substituindo convenientemente as duas últimas expressões, vem que:

$$T = I + f + i$$

Conforme o Dinamismo, a força induzida de um móvel é igual ao produto existente entre a força dinâmica pelo tempo decorrido.

Simbolicamente o referido enunciado é expresso pela seguinte igualdade:

$$i = f \cdot t$$

Então se pode escrever que:

$$T = F + f \cdot t$$

5. Deduções (I)

No presente estudo, as equações são apresentadas sob o ponto de vista da Mecânica Clássica, porém fundamentada na Teoria do Dinamismo.

Assim, considere a deformação produzida no extremo livre de uma viga por um peso (**p**) como sendo igual a (x_0). Suponha que se deixe cair um corpo de peso (**p**) de uma altura (**h**) sobre a extremidade livre de tal viga.

Logo, é evidente que além da deformação (x_0) oriunda do peso do corpo, também se verifica a existência de uma deformação extra (**x**) oriunda da força induzida.

Desse modo, será deduzido o valor da força no momento do impacto.

Consegue-se uma verificação da deformação máxima (**X** = x_0 + **x**), através do método trabalho-energia. O corpo apresenta velocidade zero quando cai inicialmente, e velocidade zero quando a viga apresenta uma deformação máxima. Igualando o trabalho resultante em (**p**) à variação nula da energia cinética, tem-se que:

$$p \cdot (h + X) - (k \cdot X^2/2) = 0$$

Leandro Bertoldo
Dinâmica do Impulso e do Impacto

Naturalmente, pode-se escrever que:

$$p \cdot (h + X) = k \cdot X^2/2$$

Ou:

$$p \cdot h + p \cdot X = k \cdot X^2/2$$

Evidentemente:

$$p \cdot h = (k \cdot X^2/2) - (p \cdot X)$$

Assim, vem que:

$$p \cdot h = X \cdot (k \cdot X/2 - p)$$

Ocorre que a força de impacto é expressa pela deformação total, ou seja:

$$I = k \cdot X$$

Substituindo convenientemente as duas últimas expressões, vem que:

$$p \cdot h = X \cdot [(I/2) - p]$$

Sabe-se que a deformação máxima da viga é a soma da deformação devida à força externa, que atua sobre o corpo, mais a deformação devido à ação da força induzida.
Simbolicamente pode-se escrever que:

$$X = x_0 + x$$

Ocorre que pela lei das deformações elásticas de Robert Hook, a força é proporcional à deformação.
Simbolicamente pode-se escrever que:

$$F = k \cdot X$$

Portanto, pode-se concluir que:

$$k \cdot X = k \cdot x_0 + k \cdot x$$

Considerando que:

1º. $k \cdot X$ é a força de impacto (**T**)
2º. $k \cdot x_0$ é a força externa (**F**)
3º. $k \cdot x$ é a força induzida (**i**)

Pode-se escrever que:

$$T = F + i$$

Voltando ao tema principal, pode-se escrever que:

$$p \cdot h = X \cdot [(I - 2p)/2]$$

Supondo que:

$$p = F$$

Pode-se escrever que:

$$F \cdot h = X \cdot [(I - 2F)/2]$$

Assim, vem que:

$$F \cdot h = X \cdot [(F + i) - (2F)]/2$$

Também, pode-se escrever que:

$$F \cdot h = (X/2) \cdot (F + i - 2F)$$

Eliminando os termos em evidência, resulta que:

$$F \cdot h = (X/2) \cdot (i - F)$$

Naturalmente, pode-se escrever que:

$$2F \cdot h = X \cdot (i - F)$$

Sabe-se que a energia é expressa por:

$$W = F \cdot (h + X)$$

Portanto, vem que:

$$W/F = h + X$$

Ou melhor:

$$(W/F) - h = X$$

Logo se pode escrever o seguinte:

$$X = W - F \cdot h/F$$

Voltando ao tema principal, pode-se escrever que:

$$2F \cdot h = (W - F \cdot h)/F \cdot (I - F)$$

Logicamente, pode-se escrever que:

$$i - F = 2h \cdot F^2/W - F \cdot h$$

Desse modo, resulta que a força induzida é expressa por:

$$i = (2h \cdot F^2/W - F \cdot h) + F$$

Entretanto, foi considerado que:

$$T = F + i$$

Portanto, pode-se escrever que:

$$T - F = (2h \cdot F^2/W - F \cdot h) + F$$

Assim resulta que:

$$T = (2h \cdot F^2/W - F \cdot h) + 2F$$

6. Deduções (II)

Outra forma de apresentar as ideias de Dinamismo sob o ponto de vista da Mecânica Clássica consiste na seguinte demonstração.

Sabe-se que as vibrações de uma estrutura elástica são provocadas por forças que deslocam a estrutura da sua posição de equilíbrio estático. Sendo que a amplitude das vibrações resultantes é expressa por:

$$A = \sqrt{[\alpha_0^2 + (V_0/\omega)^2]}$$

Sendo (**A**) a amplitude; (α_0) o deslocamento inicial; (V_0) a velocidade e (ω) a velocidade angular.

Sendo que as condições iniciais do movimento são representadas por:

1º. $\alpha_0 = - F/k$

2°. $V_0 = \sqrt{2g \cdot h}$
3°. $\omega = \sqrt{k \cdot g/F}$

Onde a letra (**g**) representa o valor da aceleração. Tendo em vista tais conceitos, a equação da amplitude pode ser rescrita da seguinte forma:

$$A = \sqrt{[(F/k)^2 + (2F \cdot h/k)]}$$

E sendo:

$$x_0 = F/k$$

Pode-se concluir que:

$$A^2 = x_0 \cdot (x_0 + 2h)$$

Na referida equação a letra (**A**) representa a amplitude que no Dinamismo corresponde à deformação sofrida pelo corpo por causa da força induzida.
Simbolicamente pode-se escrever que:

$$x^2 = x_0 \cdot (x_0 + 2h)$$

Naturalmente pode-se escrever que:

$$x = \sqrt{[x_0 \cdot (x_0 + 2h)]}$$

Sabe-se que a deformação máxima, devido à força externa é a força induzida e é expressa por:

$$X = x_0 + x$$

Substituindo convenientemente as duas últimas expressões, pode-se escrever que:

$$X = x_0 + \sqrt{[x_0 \cdot (x_0 + 2h)]}$$

Porém, sabe-se:

I - $T = k \cdot X$
II - $i = k \cdot x$
III - $F = K \cdot x_0$

Então se pode concluir que:

$$k \cdot X = k \cdot x_0 + k \cdot \sqrt{[x_0 \cdot (x_0 + 2h)]}$$

Ou melhor:

$$T = F + k \cdot \sqrt{[x_0 \cdot (x_0 + 2h)]}$$

Evidentemente, sendo que:

$$i = k \cdot x$$

Pode-se escrever que:

$$i = k \cdot \sqrt{[x_0 \cdot (x_0 + 2h)]}$$

7. Resistência e Impacto

Neste item será apresentado o conceito de resistência variável, como por exemplo, a resistência do ar, a partir da ideia fundamental de impacto.

As forças que um corpo apresenta em queda livre é caracterizada pela força de impacto.

Pode-se expressar tal força de impacto pela soma da força externa com a força induzida.

Simbolicamente, pode-se escrever que:

$$T = F + i$$

Porém, no caso de um corpo que se desloca num meio resistente, como por exemplo, o ar, parte da força de impacto é amenizada, devido à resistência (**r**) oferecida pelo ar. Desse modo, pode-se escrever que:

$$T_R = F + i - r$$

Pode-se expressar a força induzida pelo produto existente entre a força dinâmica e o tempo decorrido de queda. Simbolicamente o referido enunciado é expresso por:

$$i = f \cdot t$$

Substituindo convenientemente as duas últimas expressões, vem que:

$$T_R = F + f \cdot t - r$$

Na referida expressão a força de resistência (**r**) representa fisicamente o valor da força induzida extraída (i_r) e o impacto resultante (I_R) representa a resultante do móvel.
É evidente que no mesmo intervalo de tempo em que o móvel é impulsionado, parte da força induzida é extraída, de acordo com uma força dinâmica resistente variável.
Desse modo, com relação à última expressão pode-se escrever que:

$$T_R = F + f \cdot t - f_r \cdot t$$

Logo, conclui-se que:

$$T_R = F + t \cdot (f - f_r)$$

Assim, à medida que (t) e (f_r) cresce, a resultante (I_R) decresce e a força dinâmica que o móvel apresenta ($f - f_r$) é cada vez menor. A força induzida que o corpo apresenta tende para um valor limite, o que mantém uma velocidade constante, ao mesmo tempo em que a força de impacto resultante (I_R), tende a um valor invariável.

8. Prepacto

O fenômeno físico denominado por prepacto é a grandeza que mede o valor da pressão que um corpo exerce sob a ação da força de impacto.

Generalizando, o prepacto é igual ao quociente do valor da força de impacto, inversa pela área do corpo que entra em contato no momento do choque mecânico.

Simbolicamente o referido enunciado é expresso pela seguinte relação:

$$J = I/A$$

Foi demonstrado que:

$$T = F + i$$

Substituindo convenientemente as duas últimas expressões, vem que:

$$J = (F + i)/A$$

Também, sob o ponto de vista clássico, foi demonstrado que:

$$T = (2h \cdot F^2/W - F \cdot h) + 2F$$

Portanto, pode-se concluir que:

$$J = [2h \cdot F^2/A \cdot (W - F \cdot h)] + 2F/A$$

Assim, pode-se escrever que:

$$J = (2F/A) \cdot [(h \cdot F/W - F \cdot h) + 1]$$

6. Enerssão, Prepacto, Impacto e Choque

1. Introdução

Criei o conceito de Enerssão para explicar o fenômeno de impacto de energia mecânica. Pois um corpo que transporta energia mecânica ao se chocar contra algo, a energia se distribui pela área de impacto.

2. Equação

Afirmo que no impacto de um móvel contra uma superfície qualquer, a enerssão é tanto maior quanto maior for a energia mecânica no impacto e tanto menor quanto maior for a área do móvel no momento do impacto.

Portanto posso concluir que a enerssão é igual ao quociente de energia no momento do impacto, inversa pela área de impacto do corpo que transporta a energia.

Simbolicamente, o referido enunciado é expresso pela seguinte relação:

$$N = E/A$$

Naturalmente a unidade de enerssão no Sistema Internacional de Unidades (S.I.) é o Joule por metro quadrado (J/m^2).

A energia cinética de um móvel é igual à metade da massa desse corpo em produto com o quadrado da velocidade.

Simbolicamente, o referido enunciado é expresso por;

$$E = m . V^2/2$$

Substituindo convenientemente as duas últimas expressões vem que:

$$N = m \cdot V^2/2A$$

A energia potencial numa posição qualquer em relação a um nível de referência é igual ao trabalho que o peso vai realizar e nesse caso tendo-se a área do peso que entrará em impacto obtém-se a enerssão que ocorrerá.
A energia potencial é definida como sendo igual ao valor da força peso em produto com a altura que o corpo se encontra em relação ao nível de referência.
O referido enunciado é expresso simbolicamente por:

$$E = F \cdot h$$

Então, substituindo a referida expressão na equação que define a enerssão, posso escrever que:

$$N = F \cdot h/A$$

Com relação a tal expressão, nota-se que a relação matemática entre a força e a área do corpo corresponde à pressão mecânica que o mesmo exerce quando se encontra em repouso sobre uma superfície.
Desse modo, posso escreve que a enerssão é igual ao produto existente entre a pressão que a força peso exerce sobre uma superfície pela altura.
Simbolicamente, o referido enunciado é expresso por:

$$N = p \cdot h$$

A enerssão elástica é simplesmente calculada com base na energia potencial elástica. Assim, sabe-se que a energia po-

tencial elástica é igual à metade da constante de Hook em produto com o quadrado da deformação elástica.
O referido enunciado é expresso simbolicamente pela seguinte relação:

$$E = k \cdot x^2/2$$

Portanto, a enerssão de origem elástica é expressa por:

$$N = k \cdot x^2/2A$$

3. Prepacto

A potência em termos energéticos é caracterizada pela energia que o móvel adquire no intervalo de tempo, portanto conclui-se que a potência será tanto maior quanto maior for a energia cinética adquirida num intervalo de tempo tanto menor. Desse modo a potência energética de um móvel é igual ao quociente da energia cinética inversa pela variação tempo. Simbolicamente, o referido enunciado é expresso por:

$$\mu = E/\Delta t$$

Então, proponho que a potência, inversa pela área de impacto de um móvel caracteriza um fenômeno que denomino por prepacto. Assim posso escrever simbolicamente que:

$$B = \mu/A$$

Portanto, posso afirmar que o prepacto será tanto maior quanto maior for a potência que caracteriza o móvel e menor for a área de impacto.
A equação da potência permite deduzir uma expressão que implica que a potência é igual à força peso um produto com a velocidade.

O referido enunciado é expresso por:

$$\mu = F \cdot V$$

Substituindo convenientemente as duas últimas expressões, vem que:

$$B = F \cdot V/A$$

Naturalmente a força inversa pela área caracteriza a pressão que o corpo exerce quando se encontra em repouso sobre uma superfície. Dessa maneira, posso escrever que o prepacto é igual ao produto entre a pressão mecânica da força peso pela velocidade do móvel.

Simbolicamente, o referido enunciado é expresso por:

$$B = p \cdot V$$

4. Nível de Resistência a Furos

O nível de resistência a furos é um método que consiste em determinar a resistência de uma força de papel ou uma força de madeira ou etc.

O ensaio consiste no seguinte; deve-se fixar para dada tipo de material (folha de papel, folha de madeira, etc.) um valor de prepacto que deverá ser transmitido por um projetil que se chocará contra uma pilha de folhas. O valor do prepacto deverá ser tal que o projetil penetre nas folhas furando-as.

Desse modo, defino o nível de resistência a furos como sendo igual ao quociente do prepacto fixado, inverso pelo número de folhas que foram furadas.

Simbolicamente, o referido enunciado é expresso por:

$$R = B/n^o$$

5. Impacto

Defino o fenômeno de impacto como sendo igual ao quociente da quantidade de movimento que um corpo transporta, inversa pela área de choque contra uma superfície. Simbolicamente, o referido enunciado é expresso pela seguinte relação:

$$I = Q/A$$

Devo chamar a atenção do leitor para informar que, embora a quantidade de movimento seja estudada exclusivamente sob o ponto de vista de trocas de momentos, ela também deve ser estudada sob o ponto de vista do choque mecânico contra algo; por tal motivo apresentei no presente parágrafo o conceito matemático de impacto. Sendo que a equação afirma que quanto maior for a quantidade de movimento e quanto menor for a área de choque, tanto maior será o impacto do corpo sobre a superfície.

6. Choque Mecânico

Defino o fenômeno choque mecânico como sendo igual à quantidade de movimento de um corpo em produto com a área desse corpo no momento da colisão.
O referido enunciado é expresso simbolicamente pela seguinte equação:

$$c = Q \cdot A$$

As equações do Impacto e do choque explicam perfeitamente o motivo pelo qual um meteoro de grande área pode provocar grandes abalos e um de pequena área pode provocar pequenos abalos, embora ambos possam apresentar as mesmas quantidades de movimentos. A explicação é muito simples; o meteoro de grande área de colisão apresenta um impacto de baixo valor e, portanto penetra pouco na superfície e o choque se torna violento. Já o meteoro de pequena área apresenta um valor mais elevado de impacto do que o outro e nesse caso penetra mais profundamente na superfície e a energia se dissipa nesse processo, causando um pequeno choque.

7. Resistência à Penetrabilidade

1. Introdução

Toda e qualquer forma de matéria exerce uma resistência a penetração, sendo que alguns materiais são mais facilmente penetráveis do que outros. Então o objetivo do presente estudo é o de estabelecer uma forma de medir a resistência à penetrabilidade.

2. Método

O presente método para avaliar a resistência à penetrabilidade exercida pela matéria consiste no seguinte ensaio:

a) Em primeiro lugar, deve-se fixar um determinado valor de prepacto (**B**).

b) O corpo sólido que vai transportar o efeito do prepacto deve ser suficientemente indeformável e de dureza diamantina.

c) O corpo de prova (madeira, metal, etc.) deve ser de forma cubica e em condições convencionais de temperatura, pressão e umidade.

Após ter estabelecido as referida especificações, que serão comuns em todos os testes, deve-se disparar o projetil, que ao colidir contra o corpo de prova (em repouso) agirá com um prepacto suficientemente forte para penetrar no corpo de prova. Em seguida deve-se avaliar a profundidade que o projetil penetrou no corpo de prova.

Desse modo, defino a resistência à penetrabilidade (**R**), como sendo igual ao quociente do prepacto (**B**), inverso pela profundidade (**f**) alcançada pelo projetil na colisão. Simbolicamente, o referido enunciado é expresso pela seguinte relação:

$$R = B/f$$

Como o valor de (**B**) é fixado constante, posso afirmar que quanto maior for a profundidade (**f**), tanto menor será a resistência à penetrabilidade, exercida pela matéria.

As experiências mostram que a madeira em estado seco apresenta uma resistência à penetrabilidade, menor do que a madeira encharcada.

8. Problemas com Duas Variáveis

1. Problema Primeiro

Considere uma mistura de duas substâncias insolúveis, (s_1) e (s_2), cuja massa de ambas é representada por (**M**) e o volume de ambas, representado por (**V**). Deseja-se conhecer a massa (**m**) individual de cada uma das substâncias que constituem a mistura.

Para solução da referida questão, considere o seguinte:
Representando:

$m_1 \rightarrow$ massa da substância (s_1);
$\mu_1 \rightarrow$ densidade da substância (s_1);
$V_1 \rightarrow$ volume da substância (s_1);
$m_2 \rightarrow$ massa da substância (s_2);
$\mu_2 \rightarrow$ densidade da substância (s_2);
$V_2 \rightarrow$ volume da substância (s_2).

Então, posso escrever que:

$$m_1 + m_2 = M$$

$$\mu_1^{-1} \cdot m_1 + \mu_2^{-1} \cdot m_2 = V$$

Resolvendo tal sistema pelo método da substituição, tem-se que:

$$m_1 + m_2 = M \Leftrightarrow m_1 = M - m_2$$

Substituindo este valor na outra equação, tem-se que:

$$\mu_1^{-1} \cdot (M - m_2) + \mu_2^{-1} \cdot m_2 = V$$

$$\mu_1^{-1} \cdot M - \mu_1^{-1} \cdot m_2 + \mu_2^{-1} \cdot m_2 = V$$

$$\mu_1^{-1} \cdot m_2 + \mu_2^{-1} \cdot m_2 = V - \mu_1^{-1} \cdot M$$

$$m_2 \cdot (\mu_2^{-1} \cdot \mu_1^{-1}) = V - \mu_1^{-1} \cdot M$$

Portanto:

$$m_2 = (V - \mu_1^{-1} \cdot M)/(\mu_2^{-1} \cdot \mu_1^{-1})$$

que: E substituindo tal resultado em ($m_1 = M - m_2$) vem

$$m_1 = M - [(V - \mu_1^{-1} \cdot M)/(\mu_2^{-1} \cdot \mu_1^{-1})]$$

2. Problema Segundo

Considerando dois corpos elásticos associados em série, sob a ação de uma intensidade de força (**F**) e com uma deformação resultante representada por (**L**). Deseja-se conhecer as deformações sofridas por cada um dos corpos elásticos.
Para solução da referida questão, considere o seguinte:
Representando:

$L_1 \rightarrow$ deformação do corpo elástico (s_1)
$k_1 \rightarrow$ constante de Hook no corpo elástico (s_1)
$L_2 \rightarrow$ deformação do corpo elástico (s_2)
$k_2 \rightarrow$ constante de Hook no corpo elástico (s_2)

Então, posso escrever que:

$$L_1 + L_2 = L$$

$$k_1 . L_1 + k_2 . L_2 = 2F$$

Pois

$$F_1 = F_2$$
$$F = k . L$$

Resolvendo tal sistema pelo método da substituição, vem que:

$$L_1 + L_2 = L$$

$$L_1 = L - L_2$$

Substituindo este valor na outra equação, vem que:

$$k_1 . (L - L_2) + k_2 . L_2 = 2F$$

$$k_1 . L - k_1 . L_2 + k_2 . L_2 = 2F$$

$$- k_1 . L_2 + k_2 . L_2 = 2F - k_1 . L$$

$$L_2 . (k_2 . k_1) = 2F - k_1 . L$$

$$L_2 = (2F - k_1 . L)/(k_2 - k_1)$$

Substituindo convenientemente o referido resultado na equação ($L_1 = L - L_2$), resulta que:

$$L_1 = L - [(2F - k_1 . L)/(k_2 - k_1)]$$

3. Problema Terceiro

Considere, novamente, dois corpos elásticos associados em série, sob a ação de uma intensidade de força (F) e com uma deformação resultante representada por (L). Deseja-se conhecer a constante de Hook em cada corpo elástico. Para solução da referida questão, considere a seguinte representação:

$k_1 \to$ constante de Hook no corpo elástico (s_1)
$L_1 \to$ deformação do corpo elástico (s_1)
$k_2 \to$ constante de Hook no corpo elástico (s_2)
$L_2 \to$ deformação do corpo elástico (s_2)

Então, posso escrever que:

$$k_1 + k_2 = k$$

$$L_1 . k_1 + L_2 . k_2 = 2F$$

Pois

$F_1 = F_2$
$F = k . L$

Resolvendo este sistema pelo método da substituição, vem que:

$$k_1 + k_2 = k$$

$$k_1 = k - k_2$$

Substituindo este valor na outra equação, vem que:

$$L_1 . (k - k_2) + L_2 . k_2 = 2F$$

$$L_1 \cdot k - L_1 \cdot k_2 + L_2 \cdot k_2 = 2F$$

$$-L_1 \cdot k_2 + L_2 \cdot k_2 = 2F - L_1 \cdot k$$

$$k_2 \cdot (L_2 - L_1) = 2F - L_1 \cdot k$$

Portanto:

$$k_2 = (2F - L_1 \cdot k)/(L_2 - L_1)$$

Substituindo convenientemente o referido resultado na equação ($k_1 = k - k_2$), resulta que:

$$k_1 = k - [(2F - L_1 \cdot k)/(L_2 - L_1)]$$

4. Problema Quarto

Considere duas substâncias de massa (m_1) e (m_2) com quantidade de calor (q_1) e (q_2), respectivamente, sendo que tais substâncias são misturadas; o que vem a caracterizar uma quantidade de calor total (Q) e uma massa total (M). Deseja-se saber os valores de (q_1) e (q_2).

Para solução da questão, considera a equação fundamental da calorimetria:

$$q = c \cdot m \cdot T$$

Naturalmente, posso escrever que:

$$m = (1/c \cdot T) \cdot q$$

Então, representando ($1/c \cdot T$), por (L), posso escrever que:

que: Agora, resolvendo a questão proposta, posso escrever

$$m = L \cdot q$$

$$q_1 + q_2 = Q$$

$$m_1 + m_2 = L_1 \cdot q_1 + L_2 \cdot q_2 = M$$

Resolvendo esse sistema pelo método de substituição vem que:

$$q_1 + q_2 = Q$$

$$q_1 = Q - q_2$$

Substituindo tal resultado na outra equação vem que:

$$L_1 \cdot (Q - q_2) + L_2 \cdot q_2 = M$$

$$L_1 \cdot Q - L_1 \cdot q_2 + L_2 \cdot q_2 = M$$

$$-L_1 \cdot q_2 + L_2 \cdot q_2 = M - L_1 \cdot Q$$

$$q_2 \cdot (L_2 - L_1) = M - L_1 \cdot Q$$

$$q_2 = (M - L_1 \cdot Q)/(L_2 - L_1)$$

Substituindo convenientemente o referido resultado na equação ($q_1 = Q - q_2$), resulta que:

$$q_1 = Q - [(M - L_1 \cdot Q)/(L_2 - L_1)]$$

9. Tensiologia

1. Introdução

A tensidade é o método que consiste em verificar o nível de tração de uma corda ou fio indeformável.

No caso de uma corda ou fio, a tração que o mesmo está sujeito é medida pela força que tende a manter o fio esticado. Quanto maior for a força de tração tanto maior será a força restauradora sobre um elemento da corda que seja puxada lateralmente.

2. Método

O ensaio de tensidade consiste em tracionar uma corda ou fio (**l**) com uma intensidade de força (**F**); em seguida deve-se aplicar exatamente na metade do fio (**l/2**), uma força (**f**) lateral que tenderá a deslocar o centro da corda em um centímetro.

Desse modo, a tensidade (**T**) é definida por um número puro e naturalmente pode ser expresso em termos de porcentagem. Assim, defino tensidade como sendo igual ao produto existente entre as intensidades de força de fração pela força lateral.

Simbolicamente, o referido enunciado é expresso por:

$$T = F \cdot f$$

Isto significa que para cada intensidade de força de tração corresponde um nível de tensidade. No referido ensaio, observe que a única imposição foi o do alongamento lateral provocado pela força (**f**).

Outra grandeza que defino no presente ensaio é denominada por tensibilidade (μ), sendo igual ao quociente da intensidade da força de tração (**F**), inversa pela intensidade da força lateral (**f**) que provoca um alongamento de um centímetro. Simbolicamente, o referido enunciado é expresso pela seguinte relação:

$$\mu = f/F$$

Como se nota, (μ) é expresso por um número puro, pois resulta da divisão de dois valores da mesma grandeza, que é representada pela força.

Substituindo convenientemente as duas últimas expressões, posso escrever que:

$$T = F \cdot \mu \cdot F$$

Assim, vem que:

$$T = \mu \cdot F^2$$

Também, posso escrever que:

$$T = f \cdot f/\mu$$

Desse modo, resulta que:

$$T = f^2/\mu$$

A experiência mostra que a tensidade e a tensibilidade variam quando o ponto de aplicação da força lateral se aproxima em direção à extremidade do fio.

10. Força Equivalente de Ruptura

Considere uma corda submetida a uma intensidade de força cada vez mais intensa. É evidente que a um dado momento tal corda se romperá. A intensidade de força que rompe a corda é denominada por força de ruptura.

Desse modo, numa associação em série de cordas, a intensidade de força aplicada no referido sistema sofrerá um divisão. Logicamente, a intensidade total da força aplicada (F) nada mais é que a soma das intensidades de forças parciais que causam a tensão de cada uma das cordas do sistema.

Assim, posso escrever que:

$$F = f_1 + f_2 + ... + f_n$$

Onde a letra (f) representa a intensidade de força parcial.

Também é claro que a força de ruptura (F_r) do sistema de cordas é igual à somatória (Σ) das forças de rupturas parciais (f).

Simbolicamente, posso escrever que:

$$F_R = f_{R1} + f_{R2} + ... + f_{Rn}$$

11. Durabilidade do Fenômeno

Defino o conceito de durabilidade de um fenômeno físico, como um conceito geral, que se aplica a todos os fenômenos que ocorrem no Universo.

Matematicamente, a durabilidade de um fenômeno físico (**D**) é igual ao produto existente entre a intensidade ou grau (**I**) de tal fenômeno, pela variação de tempo (Δt), que decorre a duração do fenômeno.

Simbolicamente, o referido enunciado é expresso por:

$$D = I \cdot \Delta t$$

A grandeza representada pela letra (**I**) pode designar qualquer fenômeno, pode ser uma força, corrente elétrica, temperatura, quantidade de calor, velocidade etc.

Assim, por exemplo:

a) Durabilidade da velocidade (**V**) é expressa por:

$$D = V \cdot \Delta t$$

b) Durabilidade da força (**F**) é expressa por:

$$D = F \cdot \Delta t$$

c) Durabilidade da temperatura (**T**) é expressa por:

$$D = T \cdot \Delta t$$

d) Durabilidade da frequência (**f**) é expressa por:

$$D = f \cdot \Delta t$$

e) E assim, sucessivamente.

12. Entrobárica

1. Introdução

Em processos reversíveis ou irreversíveis, a entropia sempre se encontra sujeita a ação de uma pressão natural, que a ela está associada.

Assim, o aumento de entropia no Universo está limitado na pressão exercida pelo sistema na transformação.

2. Definição

Para caracterizar os limites da entropia impostos pela pressão, procurei introduzir na termodinâmica uma grandeza que denominei por "entrobárica".

Sendo (S) a entropia e (p) a pressão, defino matematicamente a entrobárica como sendo igual ao quociente da variação de entropia, inversa pela pressão a que o sistema fica sujeito após o aumento de entropia.

Simbolicamente, o referido enunciado é expresso pela seguinte relação:

$$\Delta B = \Delta S/p$$

3. Exemplo Entrobárico

Considere um sistema termicamente isolado do meio exterior, constituído por dois recipientes, inicialmente separados, onde num deles existe um gás perfeito e no outro, fez-se o vácuo. Naturalmente existe a ação de uma pressão sob as paredes do recipiente. Retirando-se a separação, o gás se expande, passando a ocupar também o segundo recipiente. É evidente que a transformação ocorrida é adiabática e não há realização de trabalho, pois não ocorre resistência contra a expansão do gás, sendo o processo isotérmico. Deve-se observar que o gás ao se expandir, realizou uma transformação irreversível e, em consequência a entropia do sistema aumentou. A pressão diminuiu.

13. Oscilação Pendular

1. Introdução

Em física chama-se movimento pendular, o movimento de vaivém de um pêndulo simples.

Pêndulo simples é qualquer corpo pendurado num fio, livre para oscilar quando afastado da vertical que é a posição de equilíbrio.

Desprezando a resistência do ar, o atrito no suporte, o peso do fio etc., a vida média de oscilação seria infinita.

2. Coeficiente de Resistência Pendular

Ao considerar a resistência do ar, o atrito no suporte e outros fatores que influem nas oscilações pendulares, fui levado a definir o conceito de coeficiente de resistência pendular.

Assim, o coeficiente de resistência pendular (**r**) é igual ao quociente da velocidade angular (ω_1), no instante imediatamente anterior à elongação, inversa pela velocidade angular (ω_2) do mesmo, no instante posterior à elongação.

Simbolicamente, o referido enunciado é expresso pela seguinte relação matemática:

$$r = \omega_2/\omega_1$$

Ocorre que no movimento circular uniforme variado, a velocidade angular (ω) é expressa por:

$$\omega^2 = 2\alpha \cdot \theta$$

Onde (α) representa a aceleração angular e (θ) o ângulo descrito.

Desse modo, considerando a velocidade e o ângulo correspondentes em cada oscilação, posso escrever que:

a) $\quad \omega^2_1 = 2\alpha . \theta_1$

b) $\quad \omega^2_2 = 2\alpha . \theta_2$

Logo, posso estabelecer que:

$$r = \omega_2/\omega_1 = \sqrt{2\alpha} . \theta_2/\sqrt{2\alpha} . \theta_1 = \sqrt{2\alpha} . \theta_2/\sqrt{2\alpha} . \theta_1$$

Ao eliminar os termos em evidência, vem que:

$$r = \sqrt{(\theta_2/\sqrt{\theta_1})}$$

O coeficiente de resistência pendular é devido a Leandro. De acordo com os valores de (r) em relação aos valores de (θ_2) e (θ_1), pode-se afirmar que:

a) Para $\theta_1 = \theta_2$, tem-se $r = 1$; portanto, o movimento oscilatório pendular é infinito, pois não existem forças de resistência opondo-se ao movimento do pêndulo.

b) Para $\theta_2 < \theta_1$, tem-se $0 < r < 1$; portanto, o movimento oscilatório pendular é finito, pois existe a ação de forças de resistência que se opõem ao movimento do pêndulo.

Para $r = 1$, costumo chamar o movimento pendular por "oscilação livre"; e, para $0 < r < 1$, costumo chamar o movimento pendular verificado por "oscilação imersa".

14. Avaliação da Circunferência da Terra

Quando eu tinha dezessete anos, realizei um método para avaliar a circunferência da Terra. O método apresenta os seguintes passos:

I - Considerando que a Terra leva 24 horas para efetuar o seu movimento de rotação.

II - Considerando que a cada 24 horas descreve um ângulo de 360 graus.

Então, pode-se afirmar que:

$$360° = 24h$$

Logo, a velocidade de rotação da Terra, expressa em graus é:

$$V = graus/tempo = 360°/24h \therefore V = 15°/h$$

Isto significa que, em seu movimento de rotação, a Terra descreve quinze graus a cada hora.

III - Considerando que numa dada hora, o sol esteja diretamente na vertical numa dada região e que uma hora mais tarde esteja também diretamente vertical numa outra região. E se em seguida for medida a distância (**x**) entre estas duas regiões, pode-se afirmar que:

a) Durante uma hora, em seu movimento de rotação, a Terra descreveu um (**arco x**) correspondente a quinze graus. Então, em trezentos e sessenta graus descreverá uma circunferência completa, cujo perímetro é (**y**).

b) Portanto:

$$15° \text{———} x$$
$$360° \text{———} y$$

Logo, resulta:

$$y = 360° \cdot x/15°$$

Isto implica que:

$$y = 24 \cdot x$$

Esta é a expressão matemática teórica para a medida da circunferência da Terra.

15. Velocidade de Relação

1. Introdução

O conceito de velocidade de relação se baseia no princípio de que o tempo pode ser considerado como sendo apenas uma unidade de medida de movimento uniforme
Em termos mais sensível, o tempo pode ser considerado como a unidade fundamental de medida do deslocamento dos ponteiros de um relógio.

2. Definição

Ainda em termos simples, defino a velocidade de relação de um móvel como sendo igual ao quociente do espaço percorrido por tal móvel, inverso pelo deslocamento angular da rotação uniforme, de um motor qualquer nas proximidades.
Simbolicamente, o referido enunciado pode ser expresso pela seguinte relação:

$$V_1 = S/\alpha$$

É evidente que a velocidade de relação é definida em relação ao movimento uniforme de tal motor; ou seja, tal motor funciona como um referencial temporal.
A velocidade de relação, também pode ser definida para um referencial temporal que se desloca em movimento retilíneo.
Assim a velocidade de relação para um corpo que se desloca é igual ao espaço percorrido por tal corpo, inversa pelo espaço percorrido por um móvel em movimento uniforme e retilíneo, considerado como referencial temporal.

O referido enunciado é expresso simbolicamente pela seguinte relação:

$$V_L = S/s$$

Entretanto se considerar a velocidade do referencial temporal em termos de tempo ordinário, posso afirmar que o espaço percorrido por tal móvel – referencial temporal – é igual ao produto existente entre sua velocidade, pelo espaço de tempo.
Simbolicamente, pode-se escrever que:

$$s = V_0 \cdot t$$

Substituindo convenientemente as duas últimas expressões, vem que:

$$V_L = S/V_0 \cdot t$$

Ocorre que a definição ordinária da velocidade de um corpo que se desloca é igual ao quociente do espaço percorrido por tal corpo, inversa pelo intervalo de tempo.
Simbolicamente, o referido enunciado é expresso por:

$$V = S/t$$

Substituindo convenientemente as duas últimas expressões, posso escrever que:

$$V_L = V/V_0$$

Desse modo, posso afirmar que em cinemática a velocidade de relação é igual ao quociente da velocidade de um corpo que se desloca, inversa pela velocidade de um móvel referencial-temporal.

3. Velocidade Angular e Velocidade de Relação

Demonstrei que:

$$V_L = S/\alpha$$

Sabe-se que a velocidade angular é igual à razão entre o angulo que um motor em movimento uniforme descreve e o tempo que ele gasta,
O referido enunciado é expresso por:

$$\omega = \alpha/t$$

Substituindo convenientemente as duas últimas expressões, vem que:

$$V_L = S/\omega \cdot t$$

Ocorre que a velocidade ordinária de um corpo que se desloca é expressa por:

$$V = S/t$$

Substituindo convenientemente as duas últimas expressões, vem que:

$$V_L = V/\omega$$

Dessa maneira, posso afirmar que em cinemática a velocidade de relação é igual ao quociente da velocidade de um corpo qualquer que se desloca, inversa pela velocidade angular de um movimento circular uniforme que serve de referencial-temporal.

16. Cinemática da Tangência

1. Introdução

Todo corpo na distância apresenta um ângulo de abertura em relação a um referencial inercial. Dessa forma a variação do ângulo medido com base nas dimensões do corpo em relação a um referencial inercial, indica que o corpo encontra-se em movimento.

2. Conceitos

Para efeito didático, considere um móvel representado pela letra (**A**), cuja dimensão linear é perfeitamente conhecida e representada pela letra (**D**), no ponto (**p**) encontra-se um observador inercial com um medidor de ângulos (Teodolito). Assim, a partir da origem (x_0), o móvel se desloca até (x_1) no intervalo de tempo (t_1) apresentando um ângulo (α_1); em (t_2) o móvel apresenta um deslocamento igual a (x_2) e o ângulo é caracterizado por (α_2).

Sabe-se que a tangente de um ângulo é igual ao quociente da dimensão linear do móvel (**D**), inversa pela distância (**x**).

Simbolicamente, o referido enunciado é expresso por:

$$\text{Tg } \alpha = D/x$$

Entretanto se o móvel encontra-se em movimento ocorre uma variação na distância (Δx) e, portanto uma variação da tangente do ângulo ($\Delta \text{Tg}\alpha$); portanto, posso escrever que:

$$\Delta \text{Tg } \alpha = D/\Delta x$$

Logicamente, posso escrever que:

$$\Delta x = D/\Delta Tg\, \alpha$$

Se o móvel encontra-se em movimento retilíneo e uniforme, sua velocidade é constante e igual ao quociente do deslocamento inversa pela variação de tempo. Simbolicamente, o referido enunciado é expresso pela seguinte relação:

$$V = \Delta x/\Delta t$$

Substituindo convenientemente as duas últimas expressões, posso escrever que:

$$V = \Delta x/\Delta t = (D/\Delta Tg\alpha)/(\Delta t/1)$$

Portanto, vem que:

$$V = \Delta x/\Delta t = D/\Delta Tg\alpha \cdot \Delta t$$

Logo, conclui-se que:

$$V = D/\Delta Tg\alpha \cdot \Delta t$$

Assim, posso afirmar que a velocidade de um móvel é igual ao quociente da dimensão linear do referido móvel, inverso pelo produto existente entre a variação da tangente do ângulo medido pela variação de tempo decorrido.

Com relação à última expressão, posso escrever que:

$$\Delta Tg\alpha \cdot \Delta t = D/V$$

Porém, como a relação entre a dimensão do móvel por sua velocidade é uma constante, posso escrever que:

$$K = \Delta Tg\alpha \cdot \Delta t$$

Portanto, posso concluir que a variação da tangente do ângulo e a variação de tempo, mantendo a dimensão e velocidade do móvel constante, são inversamente proporcionais. Naturalmente, por inversamente proporcional deve-se entender que se o tempo aumenta, a tangente do ângulo decresce na mesma proporção.

3. Resumo

No movimento retilíneo e uniforme a velocidade permanece constante e é expressa por:

$$V = D/\Delta Tg\alpha \cdot \Delta t$$

A equação horária de tal movimento estudado em tais condições é expressa por:

$$x = x_0 + D/\Delta Tg\alpha \cdot \Delta t$$

O produto entre a variação da tangente do ângulo pela variação de tempo caracteriza uma constante denominada por "constante de movimento"; posso escrever que:

$$K = \Delta Tg\alpha \cdot \Delta t$$

4. Movimento Variado

No movimento uniformemente variado a posição de um móvel que parte do repouso é expressa por:

$$\Delta x = G \cdot \Delta t^2/2$$

Onde a letra (**G**) representa a aceleração do referido móvel.

Eu demonstrei que:

$$\Delta x = D/\Delta Tg\alpha$$

Substituindo convenientemente as duas últimas expressões, vem que:

$$D/\Delta Tg\alpha = G \cdot \Delta t^2/2$$

Desse modo, posso escrever que:

$$G = 2 \cdot D/\Delta Tg\alpha \cdot \Delta t^2$$

No movimento uniformemente variado a velocidade de um móvel que parte do repouso é expressa por:

$$V = G \cdot t$$

Substituindo convenientemente as duas últimas expressões, vem que:

$$V = 2D/\Delta Tg\alpha \cdot \Delta t$$

A equação do Torricelli é expressa por:

$$V^2 = 2G \cdot \Delta x$$

Como ($\Delta x = D/\Delta Tg\alpha$), posso escrever que:

$$V^2 = 2G \cdot D/\Delta Tg\alpha$$

Até o presente momento as dimensões do móvel foram tomadas em termos lineares, entretanto se desejar um tratamento em termos de área deve-se utilizar os seguintes conceitos:

Considere uma figura (p_0), (p_1) e (p_2), representando um triângulo retângulo. A tangente do ângulo de tal triângulo é expressa por:

$$Tg\alpha = a/d$$

Assim, vem que:

$$a = Tg\alpha \cdot d$$

A figura (p_0), (p_2) e (p_3), caracteriza um triângulo, cuja tangente do ângulo é expressa por:

$$Tg\theta = b/d$$

Assim, vem que:

$$b = Tg\theta \cdot d$$

A área de um retângulo é expressa por:

$$A = a \cdot b$$

Então, posso escrever que:

$$A = Tg\alpha \cdot d \cdot Tg\theta \cdot d$$

Portanto, vem que:

$$A = Tg\alpha \cdot Tg\theta \cdot d^2$$

Entretanto é muito interessante observar que o ângulo sólido caracterizado pelo espaço incluído no interior de uma superfície cônica (ou piramidal) é definido pela seguinte relação:

$$\Omega = A/d^2$$

Onde (**A**) é a área da superfície da calota esférica contida no interior do ângulo sólido.

Então, com relação às duas últimas expressões, posso escrever que:

$$\Omega = Tg\alpha \cdot Tg\theta$$

17. Cinemática do Terceiro Grau

I - CONCEITOS BÁSICOS

1. Introdução

A cinemática do terceiro grau analisa os fenômenos cinemáticos do móvel, quando o mesmo é submetido à ação de uma força externa que varia uniformemente.

2. Variação da Aceleração ($\Delta\alpha$)

$$\Delta\alpha = \alpha_2 - \alpha_1$$

3. Celeridade Escalar (β)

a) Média: $\qquad \beta_m = \Delta\alpha/\Delta t$

b) Instantânea: $\qquad \beta = \lim_{\Delta t \to 0} \Delta\alpha/\Delta t$

c) propriedade: quando: $\qquad \beta = cte \Rightarrow \beta = \beta_m$

II - CLASSIFICAÇÃO DOS MOVIMENTOS

a) **Propagado** - Ocorre quando o módulo da aceleração aumenta no decorrer do tempo; nesse caso (α) e (β) apresentam o mesmo sinal.

b) **Regressivo** - Ocorrer quando o módulo da aceleração diminui no decorrer do tempo; nesse caso (α) e (β) apresentam sinais opostos.

III - MOVIMENTO DINÂMICO UNIFORME (MDU)

É todo movimento no qual o valor da celeridade escalar (β) permanece constante no decorrer do tempo.

1. Função Horária da Aceleração

$$\alpha = \alpha_0 + \beta \cdot t$$

2. Função Horária da Velocidade

$$V = V_0 + \alpha_0 \cdot t + \beta \cdot t^2/2$$

3. Função Horária dos Espaços

$$S = S_0 + V_0 \cdot t + \alpha_0 \cdot t^2/2 + \beta \cdot t^2/3$$

4. Equação de Torricelli-Leandro

$$\alpha^2 = \alpha^2_0 + 2\beta \cdot V$$

5. Equação de Leandro da Aceleração

$$\alpha^3 = \alpha^3_0 + 3S \cdot \beta^2$$

IV - GRÁFICOS CINEMÁTICOS

1. Gráfico: espaço x tempo

O gráfico do espaço x tempo descreve uma parábola que pode ter a concavidade voltada para cima ou uma parábola de concavidade voltada para baixo, com as seguintes propriedades:

a) Parábola de concavidade voltada para cima: $\beta > 0$

Movimento Regressivo Acelerado Retrógrado (RAR)

$$\alpha < 0$$

$$V < 0$$

Movimento é Propagado Acelerado Progressivo (PAP)

$$\alpha > 0$$

$$V > 0$$

Movimento Regressivo Retardado Progressivo (RRP)

$$\alpha < 0$$

$$V > 0$$

Movimento Propagado Retardado Retrógrado (PRR)

$$\alpha > 0$$

$V < 0$

b) Parábola de concavidade voltada para baixo: $\beta < 0$

Movimento Regressivo Acelerado Progressivo (RAP)

$\alpha > 0$

$V > 0$

Movimento Propagado Acelerado Retrógrado (PAR)

$\alpha < 0$

$V < 0$

Movimento Regressivo Retardado Retrógrado (RRR)

$\alpha > 0$

$V < 0$

Movimento Propagado Retardado Progressivo (PRP)

$\alpha < 0$

$V > 0$

2. Gráfico: aceleração x tempo

O gráfico da aceleração x tempo apresenta as seguintes propriedades:

a) O valor da celeridade escalar instantânea é numericamente igual à tangente do ângulo calculado pela curva com o eixo dos tempos.

$$\beta \stackrel{N=}{} Tg\theta$$

b) O valor da variação da velocidade do móvel no intervalo de tempo considerado é numericamente igual ao valor da área delimitada pela curva com o eixo dos tempos.

$$\Delta V \stackrel{N=}{} A$$

Observe o seguinte gráfico que ilustra as propriedades supracitadas, num movimento dinâmico uniforme.

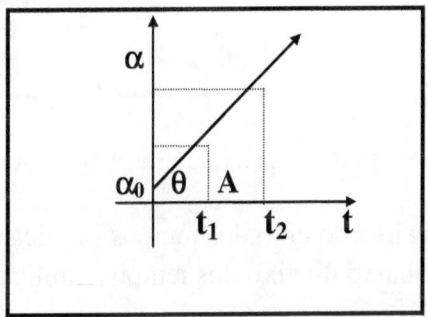

Para tais propriedades, têm-se as seguintes observações:

c) Função crescente implica que ($\beta > 0$)

d) Função decrescente implica que ($\beta < 0$)

e) Área acima do eixo dos tempos implica que ($\Delta V > 0$)

f) Área abaixo do eixo dos tempos implica que ($\Delta V < 0$)

3. Gráfico: Celeridade x Tempo

Em tal gráfico, o valor da área delimitada pela curva com o eixo dos tempos é numericamente igual à variação da aceleração do móvel no intervalo de tempo considerado.

$$\Delta\alpha \stackrel{N=}{} A$$

Para essa propriedade, têm-se as seguintes observações:

a) Área acima do eixo dos tempos implica que ($\Delta V > 0$)
b) Área abaixo do eixo dos tempos implica que ($\Delta V < 0$)

V - DIVISÃO DA CINEMÁTICA

Para efeito de estudo, a cinemática é dividida em três graus, conforme a ação das forças externas. Resumidamente tem-se que:

a) Cinemática do primeiro grau:

$$S/t = V = cte$$

Nesse caso a força externa é nula. Ou melhor, não há a ação de forças externas. A aceleração é nula.

b) Cinemática do segundo grau:

$$V/t = \alpha = cte$$

Nessa situação a força externa é constante. A aceleração é constante.

c) Cinemática do terceiro grau:

$$\alpha/t = \beta = cte$$

Aqui, a força que atua externamente sobre o móvel varia de forma uniforme. A aceleração varia uniformemente.

18. Cinemática Trigonométrica

Digo que um corpo está animado de movimento trigonométrico se sua posição for determinada com o auxílio da trigonometria.

Então, considere um observador em cima de um edifício com um teodolito, onde registra os diversos ângulos que caracteriza a posição de um móvel que se distância dele.
Pela trigonometria, posso escrever que:

$$Tg\ \alpha = x/y$$

Portanto, posso escrever que:

$$x = Tg\ \alpha \cdot y$$

Onde (x) caracteriza as diversas posições ocupadas pelo móvel no decorrer do tempo, (y) caracteriza a altura invariável do edifício.
Supondo que o móvel esteja em movimento uniforme, onde a velocidade é constante, posso escrever que:

$$V = x/\Delta t = Tg\alpha \cdot y/\Delta t$$

Na referida igualdade a posição do móvel, o ângulo de localização do móvel e o tempo são as grandezas que variam.
Com relação às últimas expressões, posso escrever que:

$$V = Tg\alpha \cdot y/\Delta t$$

Então, defino velocidade trigonométrica com sendo igual ao quociente da tangente do ângulo, inversa pela variação de tempo.

Simbolicamente, o referido enunciado é expresso pela seguinte relação:

$$\phi = Tg\alpha/\Delta t$$

Naturalmente a tangente do ângulo é medida a partir da tangente de noventa graus; então, com relação à última expressão, posso escrever que:

$$\phi = (Tg\alpha - Tg\ 90°)/\Delta t$$

Em termos simbólicos, posso escrever que:

$$\phi = \Delta Tg\alpha/\Delta t$$

A velocidade trigonométrica instantânea é caracterizada pela seguinte expressão:

$$\phi = \lim_{\Delta t \to 0} \Delta Tg\alpha/\Delta t$$

Na cinemática escalar, a aceleração escalar média é definida pela seguinte relação:

$$\gamma = \Delta V/\Delta t$$

Onde (ΔV) representa a variação de velocidade escalar, numa trajetória qualquer.

Porém, em se tratando de movimentos trigonométricos, a aceleração trigonométrica média será definida através da seguinte relação:

$$\theta = \Delta\phi/\Delta t$$

Onde (θ) representa a variação de velocidade trigonométrica. A aceleração trigonométrica instantânea é expressa por:

$$\theta = \lim_{\Delta t \to 0} \Delta\phi/\Delta t$$

É fácil perceber que uma tangente inicial ($Tg\alpha_0$) corresponde a uma posição inicial (x_0), e ($Tg\alpha$) corresponde a uma posição (x). Como, entre posição e tangente de um ângulo observada de um pico, subsiste a seguinte relação:

$$Tg\alpha \; x/y$$

Onde (y) é o pico de referencia; então, posso escrever que:

$$x = Tg\alpha \cdot y \quad e \quad x_0 = Tg\alpha_0 \cdot y$$

Como:

$$x = x_0 + V \cdot \Delta t$$

Posso afirmar que:

$$Tg\alpha \cdot y = Tg\alpha_0 \cdot y + V \cdot \Delta t$$

$$Tg\alpha \cdot y - Tg\alpha_0 \cdot y = V \cdot \Delta t$$

$$y \cdot (Tg\alpha - Tg\alpha_0)/\Delta t = V$$

Lembrando que:

$$V = \phi \cdot y$$

Sabendo-se que ($Tg\alpha \cdot y - Tg\alpha_0 \cdot y = V \cdot \Delta t$), posso escrever que:

$$Tg\alpha \cdot y - Tg\alpha_0 \cdot y = \phi \cdot y \cdot \Delta t$$

Então, vem que:

$$Tg\alpha = Tg\alpha_0 + \phi \cdot \Delta t$$

Esta é a equação trigonométrica que caracteriza o movimento uniforme.

Com os referido resultados creio ter estabelecido o caminho pelo qual deve seguir a cinemática trigonométrica.

19. Celeridade

O termo celeridade é fundamental quando a aceleração do móvel não é constante. A celeridade é uma avaliação de quanto a aceleração do móvel varia num certo intervalo de tempo. Basicamente, a celeridade de um móvel que se desloca num dado sentido em linha reta é exatamente a variação da aceleração dividida pelo intervalo de tempo em que a variação ocorre.

A força aplicada num móvel está diretamente relacionada com sua aceleração. Se esta últimas varia é porque a força está variando. Existe celeridade, quando a força aplicada no móvel varia.

Assim, quando a aceleração de um móvel varia, afirma-se que está sofrendo celeridade.

Por definição, a celeridade é a derivada da aceleração em relação ao tempo. Empregando o símbolo (β) para celeridade, pode-se escrever a definição da seguinte maneira:

$$\beta = d\alpha/dt$$

Já que a aceleração (α) está relacionada com a velocidade (**v**) e ao tempo (**t**), pode-se escrever:

$$\alpha = dv/dt$$

Também a velocidade (v) está relacionada à posição (**x**) e ao tempo, então se pode escrever:

$$v = dx/dt$$

Uma expressão para a celeridade (β) equivalente a (**dα/dt**) é a seguinte:

$$\beta = d/dt\,(dv/dt)$$

A referida expressão é chamada derivada segunda e, é escrita sob a seguinte forma abreviada:

$$\beta = d^2v/dt^2$$

Como ($v = dx/dt$), também, pode-se escrever que:

$$\beta = d^2/dt^2\,(dx/dt)$$

A referida expressão, na notação do Cálculo Diferencial, é escrita sob a seguinte forma abreviada:

$$\beta = d^3x/dt^3$$

É extremamente comum a aceleração de um móvel variar no decurso do tempo. Sempre que a aceleração de um móvel variar no decorrer do tempo, afirma-se que o móvel possui celeridade.

"Celeridade é a grandeza física associada ao movimento que mede a variação da aceleração do móvel no decorrer do tempo".

Celeridade = variação de aceleração/tempo

Existe celeridade sempre que variar a aceleração de um móvel, seja aumentando ou diminuindo. A celeridade é constante quando a força que atua extremamente sobre o móvel, varia de modo uniforme.

Unidade de celeridade = unidade de aceleração/unidade de tempo

Celeridade: $m/s^2/s$

A forma mais abreviada de expressar a unidade de celeridade é metros por segundo, ao cubo, escrita sob a seguinte forma (m/s^3).

A celeridade é uma grandeza muito importante, pois representa o efeito que está diretamente relacionado à causa – A variação da força.

20. Força de Lançamento

Considere que um corpo de massa (**m**) seja lançado por um arremessador com aceleração (α). Atuam no corpo o seu peso (**p**), ação da gravidade e (**N**), ação do arremessador.
Considere que um corpo de massa (**m**), seja lançado verticalmente para cima.
Atuam no corpo, no lançamento, a força peso (**p**) e a força (**N**), ação do arremessador sobre o corpo.
A resultante das forças que atuam no corpo é expressa por:

$$R = p + N$$

$$N = R - p$$

Como:

$$p = m \cdot g$$

$$R = m \cdot \alpha$$

Resulta que:

$$N = m \cdot \alpha - m \cdot g$$

$$N = m \cdot (\alpha - g)$$

A aceleração (α) exercida pelo arremessador sobre o corpo até o instante (**T**), quando libera o corpo no espaço, vai determinar a velocidade inicial de arremesso. Tal velocidade é expressa por:

$$V_0 = \alpha \cdot T$$

A altura máxima alcançada por este corpo lançado verticalmente para cima será expresso por:

$$V^2 = V_0^2 - 2g \cdot h$$

Como a velocidade final (V) é nula, pois o corpo se detém instantaneamente ao atingir a altura máxima, pode-se escrever:

$$0 = V_0^2 - 2g \cdot h$$

Ou seja:

$$V_0^2 = 2g \cdot h$$

Logo, posso escrever que:

$$\alpha^2 \cdot T^2 = 2g \cdot h$$

Portanto, obtém-se:

$$h = \alpha^2 \cdot T^2/2g$$

O tempo máximo consumido ao atingir a altura máxima, após ser liberado pelo arremessador será:

$$V = V_0 - g \cdot t$$

Na altura máxima ($V = 0$). Portanto, pode-se escrever:

$$V_0 = g \cdot t$$

Porém, como demonstrei: ($V_0 = \alpha \cdot T$), resulta que:

$$\alpha \cdot T = g \cdot h$$

Portanto:

$$t = \alpha \cdot T/g$$

A referida expressão permite escrever:

$$\alpha = t \cdot g/T$$

Como a relação (**t/T**), representa um fluxo (ϕ) temporal, posso escrever que:

$$\alpha = \phi \cdot g$$

Multiplicando-se ambos os termos pela massa (**m**) do corpo, obtém-se:

$$m \cdot \alpha = \phi \cdot m \cdot g$$

Como (**R = m · α**) e (**p = m · g**), resulta que:

$$R = \phi \cdot p$$

Ou seja, a resultante das forças que atuam no corpo é igual ao produto existente entre o fluxo temporal e o peso do corpo.

Considerando que a resultante das forças que atuam num corpo lançado verticalmente para cima é expresso por:

$$R = p + N$$

Igualando convenientemente as duas últimas expressões, vem que:

$$\phi \cdot p = p + N$$

Logo, posso escrever que:

$$N = \phi \cdot p - p$$

Assim, resulta que:

$$N = p \cdot (\phi - 1)$$

A quantidade de movimento de um corpo é igual ao produto entre sua massa pela sua velocidade. Simbolicamente, pode-se escrever:

$$Q = m \cdot V$$

Num arremesso a quantidade de movimento inicial (Q_0) transmitida a um corpo é expresso por:

$$Q_0 = m \cdot V_0$$

Caso, após o arremesso, o corpo não sofrer nenhuma ação de forças externas, então a quantidade de movimento do corpo no decorrer do tempo será sempre a mesma do seu valor inicial (Q_0).

Entretanto, se o corpo é arremessado no meio de um campo de força, sua quantidade de movimento sofrerá variações.

$$Q = Q_0 + \Delta Q$$

Como: ($\Delta Q = m \cdot V$), pode-se escrever que:

$$Q = m \cdot V_0 + m \cdot V$$

Porém, sabe-se que: $(V_0 = \alpha \cdot T)$ e $(V = g \cdot t)$, então resulta:

$$Q = m \cdot \alpha \cdot T + m \cdot g \cdot t$$

Como: $(R = m \cdot \alpha)$ e $(p = m \cdot g)$, resulta:

$$Q = R \cdot T + p \cdot t$$

Dividindo ambos os termos por tempo (**t**), obtém-se:

$$Q/t = (R \cdot T/t) + (p \cdot t/t)$$

Como: $(F = Q/t)$ e $(\phi = t/T)$, vem que:

$$F = (R/\phi) + p$$

21. Relações Inversas

1. Inversos Fundamentais

Todas as grandezas físicas têm o seu inverso. Assim, o inverso da velocidade (**V**) de um móvel, é a lentidão (**L**). Simbolicamente, o referido enunciado é expresso por:

$$L = 1/V$$

Isto significa que, quanto maior for a velocidade, tanto menor será a lentidão. E quanto menor for a velocidade, tanto maior será a lentidão.

Já o inverso da aceleração (α) de um móvel, é a retardação (**r**). Tal enunciado pode ser expresso matematicamente por:

$$r = 1/\alpha$$

O inverso da força (**F**) aplicada num móvel é a fraqueza (**f**). Simbolicamente, pode-se escrever que:

$$f = 1/F$$

Desse modo, quanto maior for a intensidade de força aplicada sobre um móvel, tanto menor será a intensidade da fraqueza.

2. Relação (I)

Sabe-se que a velocidade de um móvel em movimento uniformemente variado é igual ao produto entre a sua aceleração e o tempo de movimento.

Simbolicamente, pode-se escrever que:

$$V = \alpha \cdot t$$

Porém, demonstrei que:

$$V = 1/L$$

Substituindo convenientemente as duas últimas expressões, vem que:

$$1/L = \alpha \cdot t$$

Também, demonstrei que:

$$\alpha = 1/r$$

Portanto, substituindo convenientemente as duas últimas expressões, resulta que:

$$1/L = (1/r) \cdot t$$

Logo, posso escrever que:

$$t = r/L$$

Assim, o tempo decorrido por um móvel em movimento uniformemente variado é igual à relação matemática existente entre a retardação e a lentidão.

3. Relação (II)

Pela equação de Torricelli, sabe-se que o quadrado da velocidade é igual ao dobro do produto entre a aceleração do móvel e o espaço percorrido pelo mesmo.

Portanto, pode-se escrever:

$$V^2 = 2\alpha \cdot x$$

Porém, demonstrei que:

$$V = 1/L$$

Logo:

$$1/L^2 = 2\alpha \cdot x$$

Como:

$$\alpha = 1/r$$

Posso escrever:

$$1/L^2 = 2x/r$$

Assim, vem que:

$$r = 2x \cdot L^2$$

Desse modo, a retardação é igual ao dobro do espaço percorrido pelo móvel em produto com o quadrado da lentidão.

4. Relação (III)

Pela segunda lei de Newton, sabe-se que a força é igual à massa do móvel, multiplicada pela sua aceleração. Simbolicamente, pode-se escrever:

$$F = m \cdot \alpha$$

Porém, demonstrei que:

$$F = 1/f$$

Substituindo convenientemente as duas últimas expressões, resulta que:

$$1/f = m \cdot \alpha$$

Também, ficou demonstrado que:

$$\alpha = 1/r$$

Substituindo convenientemente as duas últimas expressões, resulta que:

$$1/f = m/r$$

Portanto, vem que:

$$m = f/r$$

Assim, a massa de um móvel em movimento uniformemente variado é igual ao quociente da fraqueza, inversa pela retardação.

22. Conservação da Energia

1. Introdução

A chamada energia mecânica é definida como sendo igual à soma entre a energia potencial com a energia cinética do corpo.
Simbolicamente o referido enunciado é expresso pela seguinte igualdade:

$$E = E_p + E_c$$

Sabe-se que na ausência de forças dissipativas, a energia mecânica permanece constante. Ela apenas transforma-se em suas formas cinética e potencial.

2. Conservação da Energia Mecânica

Desprezadas as forças dissipativas, a soma entre as energias potencial e cinética permanece constante. Isto significa que o sistema considerado transforma uma modalidade de energia em outra. Assim, por exemplo, enquanto um sistema perde energia potencial ele ganha energia cinética.

Logo se pode concluir que num determinada ponto do movimento, a energia mecânica pode ser distinguido como parcialmente potencial e parcialmente cinética.

3. Grandezas Energéticas

Para avaliar a proporção de energia mecânica que sofre os desdobramentos cinético e potencial, se podem definir as seguintes grandezas energéticas:

I - Capacidade Potencial

A capacidade potencial da energia mecânica é definida como sendo igual à relação matemática existente entre a energia potencial pela energia mecânica do sistema. Simbolicamente o referido enunciado é expresso pela seguinte relação:

$$C_p = E_p/E$$

II - Capacidade Cinética

A capacidade cinética da energia mecânica é definida como sendo igual ao quociente da energia cinética, inversa pela energia mecânica do sistema. Simbolicamente o referido enunciado é expresso pela seguinte relação:

$$C_c = E_c/E$$

4. Soma das Grandezas Energéticas

Somando as capacidades potencial e cinética da energia mecânica, obtém-se que:

$$C_p + C_c = (E_p/E) + (E_c/E) = (E_p + E_c)/E = E/E$$

Logo se pode concluir que:

$$1 = C_p + C_c$$

23. Estudo da Energia Mecânica

1. Definições

A energia mecânica é igual à soma da energia potencial com a energia cinética.

Simbolicamente, escreve-se que:

$$W = E_p + E_c$$

Isto implica que a energia mecânica se transforma de potencial em cinética, ou vice-versa. Por exemplo, quando um corpo é atirado para cima, diminui sua velocidade e sua energia cinética; porém, o corpo ganha altura e energia potencial. Quando atinge uma altura máxima, apresenta somente energia potencial. Na queda perde energia potencial, pois perde altura, porém adquire energia cinética. E no final acaba recuperando sua energia cinética inicial.

Logo a energia mecânica permanece constante, apenas se transformando em suas formas cinética e potencial. Entretanto, para avaliar que proporção da energia mecânica sofre os fenômenos potencial ou cinético, num dado instante do movimento, passarei a definir as seguintes grandezas adimensionais:

a) Potencialidade

A potencialidade é igual à relação matemática entre a energia potencial (E_p) que o corpo apresenta num dado momento, pela energia mecânica (W) do sistema.

Simbolicamente, pode-se escrever que:

$$p = E_p/W$$

b) **Cinetismo**

O cinetismo é definido matematicamente como sendo a relação entre a energia cinética (E_c) do corpo num dado instante, pela energia mecânica (W) do sistema. O referido enunciado é expresso simbolicamente por:

$$c = E_c/W$$

Somando as duas últimas grandezas, obtém-se:

$$p + c = (E_p/W) + (E_c/W) = (E_p + E_c)/W = W/W$$

Portanto, pode-se concluir que:

$$p + c = 1$$

Desse modo, por exemplo, se um móvel apresenta potencialidade ($p = 0,9$) significa que **90%** da energia mecânica disponível é potencial. O restante **10%** é cinética.

Na altura máxima, o móvel apresenta energia mecânica totalmente na fase potencial. Decorre daí que sua potencialidade é ($p = 1$), (**100%**) e seu cinetismo é nulo ($c = 0$). Na volta ao atingir o ponto final recupera sua energia cinética inicial; ou seja, apresenta energia mecânica totalmente na fase cinética, tendo potencialidade nula ($p = 0$) e cinetismo ($c = 1$), (**100%**).

Altura máxima **$p = 1$, $c = 0$**
Retorno ao final **$p = 0$, $c = 1$**

2. Relações Matemáticas

Demonstrei que a potencialidade é expressa por:

$$p = E_p/W$$

Como:

$$E_p = W - E_c$$

Vem que:

$$p = (W - E_c)/W$$

$$p = 1 - (E_c/W)$$

Também demonstrei que o cinetismo é expresso por:

$$c = E_c/W$$

Como:

$$E_c = W - E_p$$

Vem que:

$$c = (W - E_p)/W$$

$$c = 1 - (E_p/W)$$

24. Constantes Aproximadas de π

1. Velocidade aproximada da luz:

$$c = (7\pi + 8) \cdot 10^7 \text{ m/s}$$

2. Radiação solar média total:

$$r = (25\pi/2) \cdot 10^{25} \text{ Watt}$$

3. Constante de Rydberg:

$$R_\infty = (7\pi/2) \cdot 10^6 \text{ /m}$$

4. Caloria Termoquímica:

$$\text{cal} = (13\pi + 1) \cdot 10^{-1} \text{ joules}$$

5. Campo magnético da Terra em Washington, D.C.

$$B = [(3\pi/2) + 1] \cdot 10^{-6} \text{ tesla}$$

6. Velocidade média orbital da Terra:

$$V = (19\pi/2) \cdot 10^{-1} \text{ m/s}$$

7. Magneton nuclear:

$$\mu_N = 16\pi \cdot 10^{-28} \text{ joule/tesla}$$

8. Momento magnético do próton:

$$\mu_p = (\pi/2) \cdot 10^{-26} \text{ joule/tesla}$$

9. Constante universal dos gases:

$$R = (53\pi/2) \cdot 10^{-1} \text{ joule/kmol}$$

10. Aceleração da gravidade (valor normal):

$$g = (63\pi/2) \cdot 10^{-1} \text{ m/s}^2$$

11. Atmosfera-padrão:

$$a = 5\pi - 1 \text{ lb/pol}^2$$

12. Constante de Stefan-Boltzmann:

$$\sigma = 18\pi \cdot 10^{-9} \text{ Watt/m}^2 \cdot k^4$$

25. Relações Aproximadas

1. Comprimento de Onda

a) O comprimento de onda Compton do elétron é o seguinte:

$$\lambda_c = 2{,}43 \cdot 10^{-12} \, m$$

b) O comprimento de onda Compton do próton é o seguinte:

$$\lambda_{cp} = 1{,}32 \cdot 10^{-15} \, m$$

c) A relação entre ambos os termos resulta no seguinte valor:

$$\lambda_c/\lambda_{cp} = 2{,}43 \cdot 10^{-12} \, m / 1{,}32 \cdot 10^{-15} \, m =$$

$$1840{,}909$$

2. Massa de Partículas

a) A massa do elétron em repouso apresenta o seguinte valor:

$$m_e = 9{,}11 \cdot 10^{-31} \, Kg$$

b) A massa do próton em repouso é caracterizada pelo seguinte valor:

$$m_p = 1{,}67 \cdot 10^{-27} \, Kg$$

c) A relação entre as massas de repouso resulta no seguinte valor:

$$m_p/m_e = 1{,}67 \cdot 10^{-27} \text{ Kg}/9{,}11 \cdot 10^{-31} \text{ Kg} = 1833{,}150$$

3. Magnéton

a) O magnéton de Bohr é expresso por:

$$\mu = 9{,}27 \cdot 10^{-24} \text{ Joule/Tesla}$$

b) O magnéton nuclear é expresso por:

$$\mu_n = 5{,}05 \cdot 10^{-27} \text{ Joule/Tesla}$$

c) A relação entre ambos os valores, resulta no seguinte:

$$\mu/\mu_n = 9{,}27 \cdot 10^{-24} \text{ Joule/Tesla}/5{,}05 \cdot 10^{-27} \text{ Joule/Tesla} = 1835{,}643$$

Ao observar os referidos resultados, verifica-se que são valores aproximados um do outro. Portanto, pode-se estabelecer a seguinte igualdade:

$$m_p/m_e \cong \mu/\mu_n \cong \lambda_c/\lambda_{cp}$$

Esta relação indica a existência de uma relação intrínseca na estrutura atômica entre os conceitos relacionados na equação anterior.

www.ingramcontent.com/pod-product-compliance
Lightning Source LLC
Chambersburg PA
CBHW072144170526
45158CB00004BA/1505